Rádio

CIP-BRASIL. CATALOGAÇÃO NA PUBLICAÇÃO
SINDICATO NACIONAL DOS EDITORES DE LIVROS, RJ

F426r
Ferraretto, Luiz Artur
    Rádio : teoria e prática / Luiz Artur Ferraretto. - São Paulo : Summus, 2014.
    272 p. : il.

    Inclui bibliografia
    ISBN 978-85-323-0946-4

    1. Rádio - Brasil. 2. Programas de rádio. I. Título.

14-14529
CDD: 791.440981
CDU: 654.195(81)

www.summus.com.br

Compre em lugar de fotocopiar.
Cada real que você dá por um livro recompensa seus autores
e os convida a produzir mais sobre o tema;
incentiva seus editores a encomendar, traduzir e publicar
outras obras sobre o assunto;
e paga aos livreiros por estocar e levar até você livros
para a sua informação e o seu entretenimento.
Cada real que você dá pela fotocópia não autorizada de um livro
financia o crime
e ajuda a matar a produção intelectual de seu país.

Rádio

Teoria e prática

LUIZ ARTUR FERRARETTO

RÁDIO
Teoria e prática
Copyright © 2014 by Luiz Artur Ferraretto
Direitos desta edição reservados por Summus Editorial

Editora executiva: **Soraia Bini Cury**
Assistente editorial: **Michelle Neris**
Capa: **Alberto Mateus**
Projeto gráfico e diagramação: **Crayon Editorial**
Impressão: **Sumago Gráfica Editorial**

1ª reimpressão

Summus Editorial
Departamento editorial
Rua Itapicuru, 613 – 7º andar
05006-000 – São Paulo – SP
Fone: (11) 3872-3322
Fax: (11) 3872-7476
http://www.summus.com.br
e-mail: summus@summus.com.br

Atendimento ao consumidor
Summus Editorial
Fone: (11) 3865-9890

Vendas por atacado
Fone: (11) 3873-8638
Fax: (11) 3872-7476
e-mail: vendas@summus.com.br

Impresso no Brasil

Aos jornalistas e radialistas L<small>UIZ</small> A<small>MARAL</small>, *baiano, que de longe, na Rádio Suíça Internacional e na Voz da América, trouxe notícias aos brasileiros, e* F<small>LÁVIO</small> A<small>LCARAZ</small> G<small>OMES</small> (*in memoriam*)*, gaúcho, que com o mesmo objetivo foi longe pela Guaíba, de Porto Alegre, buscá-las. Deram lições a todos nós, que chegamos depois.*

Sumário

Introdução 13

I. O rádio 15
Conceitos básicos 16
    Radiodifusão 17
    Rádio 17
    O produto do rádio comercial 21
Modelo comunicacional radiofônico 23
Rádio como companheiro 26

2. A linguagem e a mensagem radiofônicas 30
Elementos da linguagem radiofônica 31
    A voz 32
    A música 33
    Os efeitos sonoros 33
    O silêncio 34
A mensagem radiofônica e os seus condicionantes 35
    Capacidade auditiva 35
    Linguagem radiofônica 35
    Tecnologia disponível 35
    Fugacidade 36
    Tipo de público 36
    Formas da escuta 36

3. A programação, o segmento, o formato e o programa 39
A construção da identidade 40
O segmento 46
    Tipos de segmento 50
O formato 52
    Formatos de programa 58
    Formatos falados e/ou não musicais de programação 60
    Formatos musicais de programação 60

Principais formatos nos Estados Unidos e seus correlatos no Brasil 64
A programação **70**
    Tipos de programação 70
O conteúdo em si... **72**
    Tipos de programa 72
    Recomendações gerais 77

4. A APRESENTAÇÃO E A LOCUÇÃO 79
Produção da voz... **80**
O uso da voz no rádio... **81**
    O locutor... 82
    O apresentador 83
Recomendações gerais... **84**

5. A NOTÍCIA E OS GÊNEROS JORNALÍSTICOS 87
Origens da informação jornalística **89**
    Estruturas próprias de captação de notícias 90
    Serviços externos.. 91
    Fontes de informação 92
    Outros veículos noticiosos.. 93
Fluxo de produção das notícias... **93**
Os gêneros jornalísticos e o rádio **95**
    Gênero informativo.. 96
    Gênero interpretativo 96
    Gênero opinativo 97
    Gênero utilitário 97
    Gênero diversional.. 98

6. A REDAÇÃO JORNALÍSTICA 99
O texto jornalístico em rádio **99**
A estrutura do texto jornalístico em rádio **100**
A redação... **103**
    Recomendações gerais 103
    Texto corrido.. 105
    Principais convenções 106
    Texto manchetado... 116
    Principais convenções 118
    Particularidades e recursos de redação 120

Expressões e situações que devem ser evitadas 125
Erros mais frequentes 134

7. Os noticiários e a sua edição 139
A síntese noticiosa **140**
O radiojornal **144**
Edição por similaridade de assuntos 145
Edição por zonas geográficas 145
Edição com divisão por editorias 147
Edição em fluxo de informação 148
O toque informativo **149**

8. A reportagem 151
A pauta **151**
O repórter **152**
Requisitos essenciais para o repórter 155
Recomendações gerais 156
A reportagem **158**
A apuração da notícia 158
A estrutura da reportagem 162
A grande reportagem **167**
Abordagens mais comuns 167
A realização da grande reportagem 169
Especialização **170**
Cobertura policial 172
Cobertura geral 172
Cobertura econômica 172
Cobertura política 173
Cobertura judiciária 173

9. A entrevista 174
Tipos de entrevista **176**
Entrevista noticiosa 176
Entrevista de opinião 177
Entrevista com personalidade 177
Entrevista de grupo ou enquete 177
Entrevista coletiva 177
Processo de entrevista **177**

    Fases da entrevista 179
    Recomendações gerais 181
    Perguntas e respostas 183

10. Os comentários, os editoriais e a participação do ouvinte 187
Política editorial **188**
Categorias de opinião **189**
    A da empresa 189
    A dos formadores de opinião 189
    A dos ouvintes 189
Tipos de texto opinativo **190**
    Editorial 190
    Comentário 190
    Crítica 190
    Crônica 190
Estrutura do texto opinativo **191**

11. A produção, a sonoplastia e o roteiro 193
A sonoplastia **194**
    Inserções sonoras 194
    Passagens entre inserções sonoras 196
O roteiro radiofônico **198**
    O roteiro em uma coluna 198
    O roteiro em duas colunas 206
A produção de programas ao vivo **208**
    Recomendações gerais 210

12. A cobertura esportiva 213
O esporte dentro da emissora de rádio **215**
A cobertura diária **217**
A transmissão de jogos de futebol **217**
    A abertura 218
    O jogo em si 218
    O intervalo 219
    O encerramento 220
Estilos de narração de futebol **220**
    Escola denotativa 220
    Escola conotativa 220

Recomendações gerais 222

13. Os documentários e os programas especiais 224
Os documentários 224
    A produção de documentários 225
    Exemplo de roteiro de documentário 229
Os programas especiais 236
    A produção de programas especiais 237
Recomendações gerais 237

14. Os spots e os jingles 239
Principais tipos de anúncio radiofônico 241
    Anúncios veiculados dentro ou junto ao conteúdo editorial 242
    Anúncios veiculados nos intervalos comerciais 244
    Anúncios vinculados a novos suportes 246
    Ações de *marketing*, promoções e outras modalidades relacionadas 247
O *spot*, o *jingle* e a linguagem radiofônica 247
    O texto e a voz 250
    A música, os efeitos sonoros e o silêncio 251
A produção de *spots* e *jingles* 252
Recomendações gerais 257

Referências bibliográficas 261

Introdução

O rádio é, por definição, um meio dinâmico. Está presente lá, onde a notícia acontece, transmitindo-a em tempo real para o ouvinte. Também aparece ali, onde se faz necessária uma canção para espairecer ou enlevar. E chega acolá, naquele cantinho humilde a carecer de uma palavra de apoio, de conforto ou, quem sabe, de indignação. Neste século XXI de tantas tecnologias e, por vezes, de poucas humanidades, constitui-se por natureza, e cada vez mais, em um instrumento de diálogo, atento às demandas do público e cioso por dizer o que as pessoas necessitam e desejam ouvir em seu dia a dia. Tudo de forma muito simples, clara, direta e objetiva.

Coerente com o objeto de que trata, este *Rádio – Teoria e prática* quer acompanhar as características e o ritmo do meio. Pretende, assim, de forma dinâmica e ciente das necessidades de seu público – estudantes e profissionais –, fornecer informações atualizadas e didaticamente expostas para subsidiar aqueles que têm, ou preparam-se para ter, o rádio como sustento. Ou, quem sabe, ser um quase sacerdócio. Porque o rádio tem dessas coisas.

Em realidade, este livro é a terceira versão de uma mesma ideia, que começou a ser desenvolvida no início da década de 1990, em *Técnicas de redação radiofônica*, escrito em parceria com a jornalista Elisa Kopplin, com a intenção de sistematizar os padrões de texto então mais utilizados. E que amadureceria nas três edições (em 2000, 2001 e 2007) de *Rádio – O veículo, a história e a técnica*, nas quais se apresentava uma visão mais contextualizada do meio, mesclando a abordagem de conceitos, um pouco de história e muitas orientações técnicas sobre o fazer radiofônico.

Novas tecnologias, abordagens conceituais e demandas do público surgidas e/ou consolidadas na primeira década do século XXI fizeram que o rádio se modificasse em alguns aspectos, embora suas características básicas tenham sido mantidas. O cenário de atuação profissional, no entanto, de fato se alterou. Técnicas e tecnologias empregadas evoluíram.

Nesse contexto, faz-se necessária uma nova obra que reflita tais mudanças. Assim, surgiu este terceiro livro. Seu objetivo é, portanto, falar sobre o rádio contemporâneo, como este se caracteriza e como pode ou deve ser feito utilizando as novas tecnologias, estas que vão deixando de ser novas enquanto outras vão surgindo. Tudo com excelência técnica, seguindo padrões éticos e sem perder de vista as expectativas daquele que é a razão de existir de qualquer emissora e de qualquer profissional: o ouvinte.

Não é, certamente, intenção impor um padrão instrumental único e irrefutável para o rádio. Até porque, como dito anteriormente, sendo este um meio dinâmico e em diálogo permanente com o público, é inevitável que possua uma série de particularidades de acordo com o segmento que visa atingir, modo como se apresenta formatado, características regionais, natureza das emissoras, objetivos dos gestores, interesses do público... O que se pretende apresentar aqui é uma síntese dos conceitos, técnicas e normas mais usuais, os quais, devidamente adaptados pelo bom profissional a diferentes realidades, configuram as práticas adequadas.

Quando se estuda a história do rádio ou se reúnem experientes profissionais do ramo, é comum referir-se a determinada época – aquela em que este meio era predominante, com seu espetáculo de humorísticos, novelas e programas de auditório – como a era do rádio. O presente livro, no entanto, sem jamais perder de vista a importância da ímpar e rica trajetória das emissoras brasileiras, parte do pressuposto de que o rádio segue tendo importância e vigor em uma nova era. Adaptado aos tempos modernos e às renovadas tecnologias, ocupa um espaço valioso no cotidiano e no imaginário de milhões de ouvintes, que têm nele um insubstituível companheiro. Em outras palavras: se tempos gloriosos houve, gloriosos tempos podem seguir existindo. E a era do rádio continua sendo a de cada minuto em que ocorre a transmissão.

É disso que, com o objetivo de ensinar novas gerações, trata *Rádio – Teoria e prática*. Do bom rádio, aquele que, seja no velho aparelhinho transistorizado, na internet ou no celular, acompanha o ouvinte, fornece-lhe informação, proporciona entretenimento, conversa. Do rádio que se adapta, se renova e segue ocupando um lugar especial. E que, sintonizado com o presente, prepara-se para o futuro.

1. O rádio

Dos Hertz a indicar a frequência de transmissão em ondas eletromagnéticas e, há até poucas décadas, exclusivamente analógicas aos *bytes* da informação digital na informática e nas telecomunicações, o conceito de rádio evoluiu de uma ideia associada à tecnologia para outra baseada na linguagem. No processo, foram abandonadas as concepções que atrelavam o meio à irradiação do conteúdo simul-taneamente a sua recepção. E o rádio, como constata Mariano Cebrián Herreros (2001, p. 46), tornou-se plural.

Do ponto de vista da irradiação, como já referido anteriormente (Ferraretto, 29 ago.-2 set. 2007), há na atualidade uma ampla gama de alternativas. Escuta-se rádio em ondas médias, tropicais e curtas ou em frequência modulada. Desde os anos 1990, o meio também se amalgama à TV por assinatura, seja por cabo ou DTH (*direct to home*); ao satélite, em uma modalidade paga exclusivamente dedicada ao áudio ou em outra, gratuita, pela captação via antena parabólica de sinais sem codificação de cadeias de emissoras em AM ou FM; e à internet, onde aparece com a rede mundial de computadores ora substituindo a função das antigas emissões em OC, ora oferecendo oportunidade para o surgimento de estações *on-line*, ora servindo de suporte a alternativas sonoras como o *podcasting*. Isso sem falar na variedade de equipamentos para recepção: radinhos transistorizados passaram a conviver com celulares, computadores, *players* de mp3 e outros aparelhos semelhantes. Tal pluralidade estende-se também a outros fatores: aos modos de processamento de sinal (analógico ou digital); à definição legal da emissora (comercial, comunitária, educativa, estatal ou pública); ou mesmo ao conteúdo (cultural, jornalismo, popular, musical, religioso...).

Sob a vigência da internet, já não vale mais o conceito de rádio que, antes, se constituía praticamente em uma verdade incontestável tanto entre pesquisadores como entre profissionais, conceito que aparecia formalizado em dicionários de comunicação e manuais didáticos. Por exemplo: "Meio de comunicação que utiliza emissões de ondas eletromagnéticas para transmitir a distância mensagens sonoras destinadas a audiências numerosas" (Ferraretto, 2007b, p. 23). Na passagem do século XX para o XXI, a transmissão de conteúdos radiofônicos em tempo real ou em modalidade diferida pela rede mundial de computadores[1] e a distribuição desses conteúdos na forma de arquivos de áudio puseram em xeque formulações como essa, baseadas estritamente na tecnologia originalmente empregada. Daí a necessidade de explicitar alguns termos e expressões que incorporam essa nova realidade.

Conceitos básicos

A ampla gama de novidades – computação pessoal, internet, telefonia celular, TV por assinatura... – introduzidas na sociedade ao longo dos anos 1990 e 2000 obriga a uma revisão conceitual nos termos do rádio e de suas particularidades. Sua disseminação nos mais diversos estratos sociais não significa a compreensão por todos da diversidade e da complexidade relacionadas ao termo genérico "rádio"; daí a necessidade de explicitar alguns conceitos utilizados ao longo desta obra, evitando confusões comuns e sem consequências para os leigos, mas constrangedoras para os profissionais. Vive-se a multiplicidade da oferta identificada por Valério Cruz Brittos (1999), em um raciocínio inicialmente aplicado à TV nos anos 1990, quando a modalidade por assinatura ampliava de maneira exponencial o número de canais. Realidade vigente em todo o setor de comunicação, como o próprio pesquisador da Universidade do Vale do Rio dos Sinos logo iria indicar, enfocando justamente o rádio (Brittos, jul.-dez. 2002), em uma formulação logo adotada por autores que se dedicam a estudar esse meio:

---

1. A Central Brasileira de Notícias, por exemplo, desde janeiro de 2012 disponibiliza em seu site o conteúdo completo de suas irradiações dos últimos sete dias.

Cada conteúdo concorre com todos os outros, independente de ter finalidade massiva – a irradiação de uma emissora comercial nos mais diversos suportes (ondas médias e curtas, frequência modulada, via internet ou em um canal de áudio na TV paga) – ou não –, uma *web* rádio hipersegmentada ou um programa em *podcasting*. (Ferraretto; Kischinhevsky, 2010, p. 2)

Portanto, reitera-se aqui que: (a) além de uma lógica de oferta, o rádio passa a incluir uma lógica de demanda, presente, por exemplo, na disponibilização via internet de áudios de material já transmitido; (b) ocorrem manifestações não só relacionadas ao modelo de comunicação ponto-massa, o das irradiações em tempo real, mas ponto-ponto, próprio dos conteúdos disponibilizados de forma diferida, por exemplo, por *podcasting*; (c) multiplicam-se ações empresariais no sentido de disponibilizar o conteúdo radiofônico nos mais diversos suportes tecnológicos (de computadores *desktop* a celulares, *tablets* ou quaisquer outros dispositivos em que isso seja possível); e (d) pode-se identificar uma sinergia do rádio com outros meios dentro de um mesmo grupo empresarial.

Radiodifusão

No início da década de 2000, tornou-se ultrapassada a ideia da radiodifusão como conceito dominante em rádio e em televisão. Trata-se da palavra em língua portuguesa equivalente à inglesa *broadcasting*, forma derivada do verbo *broadcast*, "enviar em todas as direções" (Hornby, 1984, p. 107) em sua acepção original. Nas irradiações por ondas eletromagnéticas, compreende dois tipos de serviço: a radiodifusão sonora – *rádio* – e a radiodifusão de sons e imagens – *televisão*. É óbvio também que, sob a vigência da internet, embora a radiodifusão sonora continue sendo rádio, este deixou de ser apenas radiodifusão sonora.

Rádio

Na virada para o século XXI, ao não se restringir mais apenas às transmissões hertzianas, o rádio precisou ser repensado conceitualmente. Uma mera descrição tecnológica passou a não servir mais – se é que um dia deu conta da complexidade do meio. Adota-se aqui uma visão que passa pela linguagem específica do rádio e, indo além, assimila proposição baseada no meio como instituição social ou, mais adequado ainda, criação cultural. Complementa-se, assim, o exposto por Luiz

Artur Ferraretto e Marcelo Kischinhevsky (Enciclopédia Intercom de Comunicação, v. 1, 2010, p. 1.009-10):

> Meio de comunicação que transmite, na forma de sons, conteúdos jornalísticos, de serviço, de entretenimento, musicais, educativos e publicitários. Sua origem, no início do século 20, confunde-se com a de, pelo menos, outras duas formas de comunicação baseadas no uso de ondas eletromagnéticas, para transmissão da voz humana a distância, sem a utilização de uma conexão material: a radiotelefonia, sucessora da telefonia com fios, e a radiocomunicação, essencial para a troca de informações, de início, entre navios e destes com estações em terra ou, no caso de forças militares, no campo de batalha. [...]
> De início, suportes não hertzianos como *web* rádios ou o *podcasting* não foram aceitos como radiofônicos [...]. No entanto, na atualidade, a tendência é aceitar o rádio como uma linguagem comunicacional específica, que usa a voz (em especial, na forma da fala), a música, os efeitos sonoros e o silêncio, independentemente do suporte tecnológico ao qual está vinculada.

Para a compreensão do meio, no entanto, constitui-se em formulação essencial aquela trabalhada por Eduardo Meditsch. O professor e pesquisador da Universidade Federal de Santa Catarina inspira-se, em sua comparação do rádio com o jornal, em reflexões de Otto Groth a respeito desse meio impresso. A partir daí, Meditsch (2010, p. 204) posiciona o conceito de rádio na sua inserção no cotidiano dos ouvintes e da sociedade como um todo:

> Há mais de uma década, começamos a questionar o conceito de rádio atrelado a uma determinada tecnologia, procurando demonstrar que melhor do que isso seria pensar o rádio como uma instituição social, caracterizada por uma determinada proposta de uso social para um conjunto de tecnologias, cristalizada numa instituição. Consideramos hoje melhor ainda pensar esta *instituição social* como uma *criação cultural*, com suas leis próprias e sua forma específica de mediação sociotécnica, numa analogia ao que propõe a ciência do jornalismo para definir o jornal. Assim como a existência de um jornal não se restringe ao calhamaço de papel impresso que foi publicado hoje, nem ao que foi publicado ontem, mas se vincula a uma ideia objetivada e apoiada numa instituição social, que permeia e supera a edição de cada dia, a existência de uma emissora de rádio em particular, e do rádio em geral como instituição, não pode mais ser atrelada à natureza dos equipamentos de transmissão e recepção utilizados para lhe dar vida,

mas sim à especificidade do fluxo sonoro que proporciona e às relações socioculturais que a partir dele se estabelecem.

O termo genérico *rádio* compreende, portanto, manifestações diversificadas, a saber: (1) *rádio de antena ou hertziano*, correspondendo às formas tradicionais de transmissão por ondas eletromagnéticas; e (2) *rádio on-line*, que engloba todas as emissoras operando via internet, independentemente de possuírem contrapartes de antena ou hertzianas, além de produtores independentes de conteúdo disponibilizado também via rede mundial de computadores. Esta última modalidade, por sua vez, engloba: (1) *rádio na web*[2], identificando estações hertzianas que transmitem os seus sinais também pela rede mundial de computadores; (2) *web rádio*, para emissoras que disponibilizam suas transmissões exclusivamente na internet; e (3) práticas como o *podcasting*, uma forma de difusão, via rede, de arquivos ou séries de arquivos – os *podcasts*, nesse caso específico de áudio com linguagem radiofônica. Trata-se, portanto, de um meio que extrapola sua base tecnológica inicial, configurando-se em um "rádio expandido", na oportuna expressão de Marcelo Kischinhevsky (2011, p. 11).

Figura 1 – Modalidades radiofônicas

---

2. Considerando a internet uma gigantesca rede de computadores e aparatos semelhantes conectados para a troca de informações e a *web* uma das formas em que ocorrem esses intercâmbios – um ambiente de disponibilização de conteúdo –, talvez fosse mais abrangente – e correto – utilizar a expressão *rádio na internet*. Aqui, no entanto, preferiu-se *rádio na web*, buscando, por óbvio, a oposição à *web rádio*.

No entanto, a emissora tradicional, aquela que tem por base a transmissão hertziana, segue como o principal produtor e distribuidor de conteúdo, em que pesem todas as alterações introduzidas no ambiente comunicacional por celular, internet e derivados. Constitui-se em uma prestadora de serviço que fornece informação sonora ao seu público a partir de uma outorga legal por parte do governo. As que se configuram em empresas voltadas à obtenção de lucro representam a parcela hegemônica do rádio brasileiro, carreando para si a maior quantidade de ouvintes. Além destas, existem as que historicamente se dedicaram ao conteúdo educativo e, nas últimas décadas, advogam para si o qualificativo de culturais. São, em geral, ligadas ao Estado ou a universidades. Há ainda as comunitárias, que devem fomentar a cidadania e a diversidade por um rádio construído coletivamente. No início do século XXI, o conceito de rádio público ganhou força entre essas emissoras, cabendo observar o que escreve Valci Zuculoto (Enciclopédia Intercom de Comunicação, v. 1, 2010, p. 1.020):

> A definição de *rádio público* carece de consenso no Brasil. Sublinham-se como principais critérios para o rádio ser público: financiamento, gestão e programação públicas. A Associação Brasileira das Rádios Comunitárias (Abraço) sustenta que apenas estas emissoras são públicas efetivamente. Mas, também, as demais não comerciais (estatais educativas, culturais e universitárias), principalmente a partir dos anos 1990, passaram a se declarar públicas. Proclamam-se nesta condição pela gestão e principalmente pelas suas programações.

Deve-se lembrar, além disso, que constituem fenômeno à parte as estações dedicadas ao proselitismo religioso, verdadeiras igrejas radiofônicas, embora do ponto de vista legal apareçam majoritariamente como estações comerciais, que, além dos recursos obtidos pela veiculação dos anúncios em si, são financiadas pelas contribuições dos fiéis.

As alterações ocorridas nas últimas décadas transformam a própria natureza do meio rádio em comunicação massiva, valendo lembrar o questionamento colocado no final dos anos 1990 por Wilson Dizard Júnior (2000, p. 23):

> Mídia de massa, historicamente, significa produtos de informação e de entretenimento centralmente produzidos e padronizados, distribuídos a grandes públicos através de canais distintos.

Os novos desafiantes eletrônicos modificam todas essas condições. Muitas vezes, seus produtos não se originam de uma fonte central. Além disso, a nova mídia em geral fornece serviços especializados a vários pequenos segmentos de público. Entretanto, sua inovação mais importante é a distribuição de produtos de voz, vídeo e impressos num canal eletrônico comum, muitas vezes em formatos interativos bidirecionais que dão aos consumidores maior controle sobre os serviços que recebem, sobre quando obtê-los e sob que forma.

Dizard, citando John Browning e Spencer Reis (2000, p. 23), descreve ainda uma nova realidade midiática que não se restringe à relação ponto (o veículo de comunicação) – massa (o público):

> [...] a mídia velha divide o mundo entre produtores e consumidores: nós somos autores ou leitores, emissoras ou telespectadores, animadores ou audiência; como se diz tecnicamente, essa é a comunicação um-todos. A nova mídia, pelo contrário, dá a todos a oportunidade de falar assim como de escutar. Muitos falam com muitos – e muitos respondem de volta.

Outro diferencial, portanto, do rádio posterior aos anos 1990 reside na impossibilidade de identificá-lo exclusivamente como comunicação massiva. Uma emissora em um assentamento com 500 famílias ligadas ao Movimento dos Trabalhadores Rurais Sem Terra (MST) pode ser considerada de massa? Um *podcast* em linguagem radiofônica com 300 a 400 *downloads* de um público fiel e constante também, com certeza, não. Nem a estação comunitária de pouco alcance, mas de forte inserção na vida de seus ouvintes. Ambas as manifestações comunicacionais, entretanto, mesmo considerando esse critério quantitativo, seguem tendo relevância para os seus públicos e sendo rádio.

O produto do rádio comercial

O senso comum aponta a programação como o produto da radiodifusão sonora, aquilo que é vendido ao anunciante. De fato, o conteúdo pode ser caracterizado como uma espécie de investimento do empresário para obter o que realmente tem valor a quem patrocina a transmissão: a quantidade e as características da parcela de população disposta a sintonizar este ou aquele programa, a ouvir este ou aquele comunicador. Vai-se, portanto, ao encontro de uma série de raciocínios a respeito da televisão formulados por Dallas Smythe e, sem dúvida, válidos para o rádio. De acordo com o professor canadense (1983, p. 76), a forma de mercadoria constituída pelas comunicações produzidas para as massas e financiadas pelos anunciantes é o público:

> Que é o que compram os anunciantes com seus gastos em publicidade? Como sólidos homens de negócio, não estão pagando inutilmente pela sua publicidade, nem lhes move o altruísmo. Sugiro que o que compram é o serviço de certos públicos, de especificações previsíveis, que haverão de prestar sua atenção em quantidades previsíveis e, em certos momentos, particulares para determinados meios particulares de comunicação (televisão, rádio, jornais, revistas, *outdoors*, impressos distribuídos pelo correio). Como coletividades, esses públicos são mercadorias. Como tais, são traficados nos mercados, por produtores e consumidores (estes últimos são os anunciantes). Tais mercados estabelecem seus preços, no modo habitual do capitalismo monopólico.

Os meios de comunicação atuam, assim, como produtores da mercadoria pública gerada, no caso do rádio, pela programação. Essa ideia fica clara ao se analisar o porquê de, dentro de uma mesma emissora, um programa ser mais caro do que outro para o anunciante. O determinante é a quantidade de ouvintes. E há também uma exploração – qualitativa, no jargão mercadológico – das caracterís-

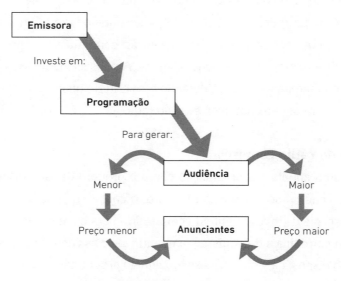

Figura 2 – Audiência como produto

ticas da audiência. Por exemplo, uma rádio popular pode liderar a sintonia em determinado mercado sem, com isso, possuir programas com espaços comerciais mais caros do que outra no segmento de jornalismo, no qual o público, em geral, possui renda superior e, portanto, tende a interessar mais aos anunciantes.

Modelo comunicacional radiofônico

Embora ainda prevaleça, já não se constitui como único o rádio conformado na relação exclusiva entre a emissora (que produz conteúdo), o público (atraído pela programação) e os anunciantes (de certo modo, compradores da audiência associada a este ou àquele programa). Se proposições como a de Wilbur Schramm, apesar de seu reducionismo de teor funcionalista, mantêm a validade em seu mecanismo essencial – "a fonte codifica a mensagem, que é transportada pelo canal até o receptor, que a decodifica" (Straubhaar; LaRose, 2004, p. 12) –, alteraram-se profundamente as características intrínsecas de cada um desses seus componentes:

> Na época de Wilbur Schramm, os meios de massa eram produzidos por grandes corporações, onde um grupo de elite dos produtores e comentadores profissionais atuava como filtros, ou, no termo em inglês, *gatekeepers*. Essas figuras autoritárias decidiam o que a audiência deveria receber, atuando assim na chamada *definição da agenda* (ou *agenda setting*, no termo original em inglês). As fontes, reconhecendo sua própria força, tinham consciência de seu papel na formação de opinião pública e gostos populares. [...]
>
> Corporações de mídia gigantes ainda existem hoje em dia e tornaram-se maiores que nunca. Entretanto, novas tecnologias permitiram eliminar muitos dos filtros intermediários das organizações de mídia e encolher o tamanho mínimo para seu funcionamento. [...] Em muitos casos, a linha divisória entre receptores e fontes vem se tornando cada vez mais fina, tal como ocorre em programas de participação da audiência e meios de comunicação por computadores, compostos apenas de contribuições feitas pelos usuários. Nesse processo, o profissionalismo e a autoridade das fontes vêm erodindo, bem como sua habilidade de definir a cultura e a opinião pública.

É com objetivo didático que, a seguir, como em outra oportunidade (Ferraretto, 2010, p. 539-56), utiliza-se o modelo de Schramm para descrever as alterações ocorridas nesse processo.

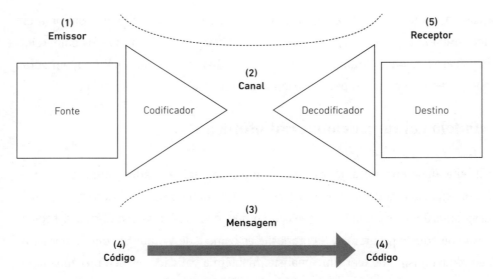

Figura 3 – Modelo comunicacional de Wilbur Schramm

Neste século XXI, como (1) *emissor*, a estação hertziana já não é mais a única fonte codificadora da mensagem. Há novos agentes nesse processo, inclusive alguns confundindo o que, antes, pareciam papéis perfeitamente demarcados. Por exemplo, os *podcasters* a produzirem conteúdos em linguagem radiofônica disponibilizados na internet; ou grupos de amigos associados de modo informal, para cobrir os custos de manutenção de suas *web* rádios. Fora dos parâmetros do rádio tradicional, podem ser citadas a prática individual de baixar músicas e a oferta de canais de áudio em portais na rede mundial de computadores ou em serviços de TV por assinatura, ambas ocupando espaços antes exclusivos das emissoras musicais. No âmbito do negócio comunicacional, aparecem também novos protagonistas: de agências noticiosas exclusivamente radiofônicas, que fornecem conteúdo jornalístico em áudio, substituindo estruturas e profissionais das próprias estações, às igrejas eletrônicas, com sua programação de cunho assistencialista e mais voltada às classes C e D, tipo de segmento antes explorado em especial pelo rádio popular.

Além disso, as emissoras de antena propõem-se a disponibilizar seu sinal nos mais diversos (2) *canais*. Antes passível de ser acessado apenas em aparelhos de rádio, o sinal passa a chegar a celulares, computadores, mp3 *players*, *notebooks*, *palm tops*, *tablets*... A emissão, por meio de práticas como o *podcasting* ou correlatas, liberta-se da obrigatoriedade de uma recepção concomitante. Transmutada em um arquivo de áudio, pode ser escutada quando e onde o ouvinte desejar. Uma forma, no entanto, não exclui a outra.

Sob a vigência da televisão, o comunicador radiofônico protagonizara o processo no qual a quase palestra baseada no texto escrito havia se transformado em uma conversa simulada, uma fala destinada ao ouvinte. No marco da internet, que se faz acompanhar de um apelo à multidirecionalidade e à interatividade, ganha espaço crescente a mensagem do público. O que antes aparecia em cartas, enquetes ou telefonemas torna-se permanente por correio eletrônico, *chats*, *softwares* de mensagens instantâneas ou celular. Incorporam-se, ainda, as mais diversas formas associadas a redes sociais. Mesmo que a interatividade exista mais como *ideia* do que como algo concreto, há um apelo constante ao ouvinte, que chega a modificar o conteúdo da (3) *mensagem*. Seus elementos básicos – a sua forma –, no entanto, não se alteraram significativamente. O (4) *código* – o "conjunto finito de signos simples ou complexos, relacionados de tal modo que estejam aptos para a formação e transmissão de mensagens" (Rabaça; Barbosa, 2001, p. 144) – segue indicando possibilidades semelhantes de combinações particulares próprias do rádio com base em elementos como a voz (na forma da fala), a música, os efeitos sonoros e o silêncio.

Obviamente, "o brasileiro médio do início do século XXI possui necessidades, desejos e mesmo um quadro de valores diferente daquele cidadão de quase nove décadas atrás, quando o rádio iniciava a sua trajetória histórica" (Ferraretto, 2010, p. 551). Não só o ouvinte – o (5) *receptor* – alterou-se em suas características como ser humano, mas também a forma como se dá a recepção. Possibilitada pela transistorização – com o radinho de pilha acompanhando o ouvinte, aparelho que, na contemporaneidade, dá lugar ao celular –, a escuta individual e em paralelo a outras atividades substituiu a escuta coletiva e concentrada dos tempos dos grandes receptores valvulados que ocupavam espaço central na residência dos ouvintes. Sob a vigência da internet, essa escuta passou a incluir também a possibilidade do diferido – a emissão e recepção em momentos diversos – na ordem e na quantidade de vezes determinada pelo próprio público.

> No caso brasileiro, em uma perspectiva talvez otimista em demasia, é um público diferente do de tempos anteriores: transformou-se, mesmo que em nível de senso comum, sobre uma noção

de cidadania desde a Constituição Federal de 1988, assimilando discussões a respeito dos direitos do consumidor, dos idosos, das mulheres, dos negros, de crianças e adolescentes... Por um viés quiçá mais pessimista, ao contrário do que pensam alguns entusiastas da convergência e da tecnologia [...], talvez não seja tão ativo assim, tendo apenas uma variedade de alternativas maior à disposição e possuindo mais instrumentos, através da internet, para buscá-las. No entanto, é certo que mudou e se libertou de algumas imposições da média de gosto, comuns nos veículos de comunicação de massa. Pode, agora, por exemplo, escolher centenas de músicas e ouvi-las na sequência e frequência que desejar. Pode fazer o mesmo, aliás, com conteúdos radiofônicos disponibilizados via *podcasting*. Pode também assumir o papel de emissor, sem a necessidade de outorgas governamentais, e gerar conteúdo do quarto da sua casa, via rede mundial de computadores, para o mundo. (Ferraretto, 2010, p. 552-53)

Em realidade, no contexto da convergência, como em épocas anteriores, o rádio segue adaptando-se às alterações no ambiente comunicacional, estando aí – supõe-se – a razão de sua sobrevivência.

Rádio como companheiro

Há uma particularidade do rádio a marcar o meio em relação aos demais e a garantir a sua sobrevivência em um processo que ganhou força com a transistorização, tecnologia responsável pela consolidação da portabilidade dos aparelhos receptores. Trata-se de sua caracterização como uma espécie de companheiro do ouvinte, algo que está próximo no dia a dia e quebra a solidão, seja nas metrópoles, seja nas zonas rurais mais afastadas dos centros urbanos. E, gradativamente, com a transformação dos locutores em comunicadores e com o simulacro de conversa próprio destes últimos, esse meio passou a *falar* com o ouvinte. Na passagem dos grandes aparelhos valvulados – situados na sala das residências – para os diminutos radinhos de pilha facilmente transportados, começou a se estabelecer o que Marcelo Kischinhevsky (2008, p. 7) chama de *cultura da portabilidade*, transferida, na década de 1990, para celulares, tocadores de áudio e vídeo, *tablets* etc.

A portabilidade, naturalmente, não é fundada pelas novas tecnologias de informação e comunicação, nem se desenvolve a partir da oferta de tocadores multimídia a preços acessíveis.

Esta cultura remonta ao advento do transistor, que viabilizou o rádio a pilha e, posteriormente, o *walkman*.[3]

Deve-se lembrar, ainda, a alta capacidade do meio de se amalgamar a novos suportes. Dos receptores tradicionais aos associados às chamadas novas tecnologias de informação e comunicação – cada vez menos *novas*, na realidade –, a mensagem radiofônica acompanha o ouvinte, chegando a ele no radiorrelógio, que o desperta; no radinho de pilha, enquanto toma banho; no celular, durante o deslocamento por ônibus ou por lotação; no autorrádio do carro, em meio às agruras do trânsito das grandes cidades; via internet, na escuta simultânea ao trabalho; e de dezenas de outras formas. Todas conectando o público ao mundo simultaneamente às atividades do cotidiano.

Para melhor caracterizar a ideia do rádio como companheiro, uma construção no imaginário do ouvinte, lança-se mão das conceituações de John Thompson (2002, p. 78-79), que identifica três situações interativas criadas pelo uso dos meios de comunicação: (1) *interação face a face*, que ocorre em um contexto copresencial – os participantes "compartilham um mesmo sistema referencial de espaço e tempo" – e possui um caráter dialógico – marcado por "uma ida e volta no fluxo de informação e comunicação" e pelo uso de expressões denotativas, como aqui, agora, este, aquele etc., presumindo o entendimento destas; (2) *interação mediada*, categoria na qual se enquadram, por exemplo, as cartas e as ligações telefônicas, implicando o uso de um meio técnico a possibilitar "a transmissão de informação e conteúdo simbólico para indivíduos situados remotamente no espaço, no tempo, ou em ambos"; e (3) *quase interação mediada*, correspondendo às relações sociais estabelecidas pelos meios de comunicação de massa. Esta última diferencia-se das anteriores – em que os participantes são orientados para outros participantes específicos – pela produção de formas simbólicas para um número indefinido de receptores potenciais, em um fluxo de informação predominantemente em sentido único e, portanto, monológico.

Para Thompson (2002, p. 181), o desenvolvimento dos meios cria "um novo tipo de intimidade", base para desenvolver um raciocínio que diferencia a (1)

---

[3]. Kischinhevsky acrescenta que a ideia de uma mídia portátil remonta, no Ocidente, às décadas posteriores à invenção da prensa de tipos móveis por Gutenberg, no século XV, quando do desenvolvimento da indústria do livro.

experiência vivida, "adquirida no curso normal da vida diária", da (2) *experiência mediada*, ou seja, da que se estabelece por meio da *interação mediada* ou da *quase interação mediada*. Pode-se, dessa maneira, advogar para o rádio tanto um papel pioneiro no plano da cultura da portabilidade como – associada à mobilidade conferida, ontem, pelo receptor transistorizado e, hoje, pelo celular – um poder significativo em termos de *quase interação mediada*, o que ajuda a entender a sua caracterização como companheiro virtual. Já Luciano Klöckner (2011, p. 126-27), analisando as particularidades do meio em si, atribui interatividade ao rádio "do ponto de vista do ouvinte e da sua possibilidade de interferência total ou parcial", argumentando:

> É [*a interatividade*] mais efetiva que a participação, em que só o nome do ouvinte pode ser citado em um programa e/ou sua presença anunciada sem que haja desejo, intenção de interação. Deste modo, a interação postula ao radiouvinte, além da vontade própria, atenção ao que está sendo veiculado, em igual tempo e espaço de discussão. Em resumo, participação é *tomar parte de* [...], enquanto a interação implica, entre outros fatores, na *conquista* de um lugar, em *intenção* de interagir mutuamente, em *senso de oportunidade*, em *concentração ao conteúdo* debatido. Grosso modo, três possibilidades aplicam-se à interação, levando em conta o ouvinte: a) *completa*: é a que oportuniza o diálogo direto e ao vivo, em circunstância equivalente de espaço e de tempo, com réplicas e tréplicas; b) *parcial*: estabelecida quando, igualmente no mesmo tempo e espaço, o ouvinte opina, pergunta, mas não conquista um lugar ou não se interessa pela réplica ou tréplica; c) *reacional*: ocorreria quando o ouvinte apenas reage a uma situação proposta no programa, sem que ele próprio exija ou obtenha uma resposta, como no caso do envio de *e-mails* e de torpedos à rádio que são apenas lidos no ar. Facilmente este nível se confunde com participação. No entanto, devem-se considerar as pré-condições já nominadas (intenção de interagir, senso de oportunidade e atenção ao conteúdo).

Portanto, mesmo quando se reduz ao simbólico, essa interação – ou *possibilidade de* interação – associada à recepção móvel confere proximidade ao rádio. A ideia de companheiro virtual, pode-se aventar, é reforçada pelo caráter basicamente regional das estações, apesar da existência de redes de emissoras, em especial desde a década de 1980. Tais transmissões, mesmo geradas a partir do centro do país, acabam cedendo espaços para o conteúdo local nas afiliadas. No caso das dedicadas ao jornalismo, há óbvias explicações para essa necessidade. O público quer a notícia que chega do mundo, mas sem deixar de lado os acontecimentos, as opiniões e os serviços do seu entorno. No das voltadas ao entretenimento, o ouvinte necessita de um comunicador que fale a *língua* da sua região, com expressões, inflexão e sotaque próprios, mesmo preponderando, no conteúdo, uma música mais globalizada – por exemplo, em uma rádio jovem – ou informações de lazer geradas em outros estados – como as sobre atores e atrizes de novelas ou cantores e cantoras de apelo fácil, comuns no rádio de teor mais popular.

2. A linguagem e a mensagem radiofônicas

Um erro comum entre leigos é a redução do rádio à oralidade. Trata-se, talvez, de uma consequência da gradativa predominância de conteúdos centrados na fala, que se materializa a partir da presença dominante do comunicador, desde os anos 1960, em contraste com o rádio-espetáculo das décadas anteriores, no qual a montagem dramatúrgica aparecia com força e se baseava na utilização plena dos recursos sonoros. Esse tipo de abordagem do rádio constitui-se, como destaca Armand Balsebre (1994, p. 24), em "uma limitada concepção do meio". Portanto, a linguagem radiofônica engloba outros elementos além da oralidade que, como o próprio texto expressado na voz, se prestam a diversas variações, podendo – e devendo –, conforme o caso, estabelecer articulações entre si. Há, no dizer de María Del Pilar Martínez-Costa e José Ramón Díez Unzueta (2005, p. 42), uma "gramática própria".

Não raro, confunde-se também o radiofônico com o sonoro, que é algo mais abrangente. Para explicar essa diferença, recorre-se a dois conceitos básicos: (1) o *signo*, que substitui algo, representando-o para alguém; e (2) o *código*, conjunto finito de signos relacionados de uma forma determinada, permitindo a transmissão e a recepção de mensagens (Rabaça; Barbosa, 2001, p. 144). Sonora é, por exemplo, a música, com sua expressão específica – um ritmo, uma batida... –, por vezes prescindindo, por vezes dependendo do canto, e até mesmo recorrendo a efeitos sonoros e pausas caracterizadas como silêncio. Portanto, entre o rádio e a música, por exemplo, a diferença está na forma de apresentação e de articulação entre si dos signos, resultando em mensagens diversas.

Considerando o código – um "repertório de possibilidades para produzir enunciados significantes" – e a mensagem – as "variações particulares sobre a base do código" –, Balsebre (1994, p. 18) registra um terceiro aspecto nessas relações, destacado pela linguística moderna: o uso social e cultural, ao qual a decodificação da mensagem está relacionada. O professor da Universidade Autônoma de Barcelona observa ainda que "a fundamentação da existência da linguagem está em sua decodificação, em sua percepção e interpretação", e acrescenta: "Por conseguinte, não existe linguagem se o sistema semiótico não inclui também seu uso comunicativo". No jargão dos profissionais de rádio, as assertivas de Balsebre correspondem à ideia de que a comunicação se realiza na cabeça do ouvinte – se a mensagem é assimilada pelo outro – e, para tanto, faz-se necessário um compartilhamento de experiências entre emissor e receptor. Em tese, a mesma mensagem facilmente compreendida pelo seu público específico em uma emissora voltada ao regionalismo gaúcho, com suas expressões culturais próprias, dificilmente seria entendida em sua totalidade na transposição dessa programação para um estado do Nordeste e vice-versa. De fato, como destaca o pesquisador espanhol, há a necessidade de que se estabeleça um pacto de natureza dinâmica entre o emissor e o receptor:

> Quanto mais comuns e estabelecidas de maneira consensual estejam as estratégias de produção de significado, de codificação e decifração, mais eficazes serão as mensagens na comunicação emissor-receptor. O criador da mensagem e seu interpretante necessitam revisar constantemente os *pactos* que determinam em cada momento um maior ou menor acordo nas variações particulares dos códigos comunicativos para a produção de mensagens. Como consequência, o criador da mensagem precisa incorporar também ao processo de codificação os usos sociais e culturais das linguagens em cada contexto particular para obter o maior grau de eficácia comunicativa. (Balsebre, 1994, p. 19)

Em outras palavras, quem produz o conteúdo radiofônico e quem está apto a recebê-lo precisam compartilhar um campo de experiências comuns.

Elementos da linguagem radiofônica

A linguagem radiofônica engloba o uso da voz humana (em geral, na forma da fala), da música, dos efeitos sonoros e do silêncio, atuando isoladamente ou combinados entre si. Com base nesses elementos, como observa Balsebre (1994,

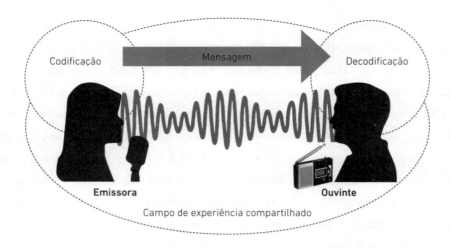

Figura 4 – Compartilhamento da mensagem radiofônica

p. 19), *forma* e *conteúdo* – ou, respectivamente, o *estético* e o *semântico* – devem se articular em busca de equilíbrio. Cada um deles apresenta múltiplas aplicações, papéis e variantes. Podem ser utilizados, conforme o contexto, de diversos modos e em diferentes níveis de apelo ao ouvinte, direcionando-se ao seu intelecto, no que se expressa como algo mais concreto, e à sua sensibilidade, naquilo que pende mais para o abstrato. O bom profissional de rádio parte de um conceito em relação ao que pretende produzir e, com base nessa definição, planeja e executa o seu produto, tendo claro o papel de cada elemento da linguagem em relação aos objetivos pretendidos.

A voz

A palavra falada, modo pelo qual a voz aparece com mais frequência em rádio, possui alto poder comunicativo, carregando parte significativa do conteúdo da mensagem. A expressividade não se limita, no entanto, ao sentido em si do vocábulo, mas se ampara na forma como se dá a sua emissão, podendo ganhar ainda mais força quando associada a outras manifestações da voz como o choro, o grito ou o riso. Conforme Martínez-Costa e Díez Unzueta (2005, p. 46-47), "a palavra, na linguagem radiofônica, assume uma diversidade de funções, muitas das quais são complementares, enquanto outras adquirem maior relevância dependendo do tipo e da finalidade do discurso": (1) *enunciativa* ou *expositiva,* ao fornecer dados concretos, sem nenhuma conotação; (2) *programática*, ao assumir a construção da continuidade narrativa, dando unidade às irradiações; (3) *descritiva*, por detalhar cenários e personagens, criando imagens sonoras; (4) *narrativa*, apresentando uma ação no tempo e no espaço; (5) *expressiva* ou *emotiva*, ao indicar estados de ânimo, explorando variações dos seus atributos; e (6) *argumentativa*, ao ser usada na defesa de ideias ou de opiniões, estabelecendo raciocínios e/ou polemizando. Nesse e nos demais elementos da linguagem radiofônica, as funções aqui descritas podem ser exploradas isolada ou simultaneamente, de acordo com o objetivo e as necessidades da mensagem em elaboração.

É importante, ainda, atentar para os atributos ou características da voz: (1) a *altura*, que pode ser classificada como *grave*, associada mais ao homem, ou *aguda*, identificada mais com a mulher; (2) a *intensidade*, variando entre *forte* e *fraca*; (3) a *qualidade* ou o *timbre*, que é algo subjetivo de determinar: se soa agradável, abafada, áspera, chorosa, gutural, nasal, rouca etc. (Soares; Piccolotto, 1991, p. 46-47).

A música

Como definem Martínez-Costa e Díez Unzueta (2005, p. 50), a música em rádio apresenta-se de duas formas: (1) como *conteúdo da programação*, "quando constitui a oferta global da emissora, o conteúdo básico de um programa ou uma parte de um bloco"; e (2) como *linguagem*, "que se integra à mensagem da rádio". Considerando essas duas possibilidades, recorre-se à descrição que Ricardo Haye (2004, p. 48) faz das funções da música: (1) *gramatical*, como o sistema de pontuação da narrativa radiofônica; (2) *descritiva*, que serve à cenografia do que se deseja retratar; (3) *expressiva*, ao criar ou sugerir climas; (4) *complementar* ou *de reforço*, suplementando, completando ou aperfeiçoando o conteúdo; e (5) *comunicativa propriamente dita*, quando é usada como música autônoma.

Os efeitos sonoros

Nos anos 1930, quando começa a ser utilizada na dramaturgia radiofônica, a aplicação de efeitos volta-se, prioritariamente, à construção de imagens sensoriais pela associação do som à sua fonte geradora. Por exemplo, uma folha de papel celofane amassada próxima ao microfone simula o ruído característico de uma pequena fogueira, ao qual, simultaneamente, palitos quebrados conferiam ainda mais autenticidade ao indicar o crepitar da lenha em chamas. Sons de gongos ou de sinos já eram, no entanto, utilizados para anunciar programas ou marcar trechos destes. Naquela época, a sonoplastia era realizada ao vivo e por processos mecânicos. Gradativamente, esses processos seriam substituídos por gravações, primeiro em acetato e, depois, em fita magnética e vinil. Do espetáculo radiofônico à segmentação, recursos da eletrônica e da informática passaram a possibilitar diversas manipulações do sonoro. Em paralelo, o arquivamento dos efeitos ia migrando para suportes digitais. Nesse processo, identificam-se dois tipos de efeitos citados por Ricardo Haye (2004, p. 48, baseando-se em Miquel de Moragas Spà): (1) *os substitutivos de realidades ou de processos físicos*, "o som que representa o trem, o galope de um cavalo ou o movimento de um automóvel"; e (2) *os não substitutivos de realidades ou de processos físicos*, sinais eletrônicos utilizados para marcar a hora ou outros tipos de informação.

De acordo com Martínez-Costa e Díez Unzueta (2005, p. 62-63), as funções dos efeitos sonoros são: (1) *referencial*, *expositiva* ou *ornamental*, ao evocarem um som natural, reforçando ou exagerando uma ação, mas sem ser imprescindível ao relato; (2) *programática*, na pontuação das transmissões ao serem usados, por exemplo, como o *bip* a indicar a hora certa; (3) *descritiva ambiental*, construindo um cenário e permitindo a localização de objetos e de personagens dentro deste; (4) *narrativa*, marcando transições de espaço ou de tempo; e (5) *expressiva*, ao indicar estados de ânimo.

O silêncio

A ausência do som planejada – e, se saliente, dada a natureza do meio, breve – tem também importante papel na construção da mensagem radiofônica. Era ao silêncio, por exemplo, que os locutores de outros tempos recorriam, quase dramaticamente, após exclamarem: "E atenção..." Passavam-se poucos segundos e, na sequência, vinha a última e mais importante informação daquele noticiário. Com base nos escritos de Armand Balsebre, a professora da Universidade Federal do Rio Grande do Sul Cida Golin (Enciclopédia Intercom de Comunicação, 2010, p. 764) define o silêncio e explica suas funções dentro do rádio: "Elemento intrínseco à linguagem verbal, o silêncio potencializa a expressão, a dramaticidade e a polissemia da mensagem radiofônica, delimita núcleos narrativos e psicológicos e serve como elemento de distância e reflexão".

A mensagem radiofônica e os seus condicionantes

A mensagem (mescla de forma e conteúdo) é o objeto da comunicação. No diálogo, duas pessoas conversam usando um código verbal e corporal. Como define Marcelo Casado d'Azevedo (*apud* Rabaça; Barbosa, 2001, p. 481): "Quando conversamos, o discurso é a mensagem; quando sorrimos, a alteração característica da face é a mensagem; quando somos surpreendidos subitamente, o silêncio e a imobilidade momentânea são a mensagem".

O conteúdo e a forma da mensagem radiofônica, pela ausência de alguns elementos e presença de outros, são condicionados basicamente por seis fatores: (1) a *capacidade auditiva do receptor*, (2) a *linguagem radiofônica*, (3) a *tecnologia disponível*, (4) a *fugacidade*, (5) os *tipos de público* e (6) as *formas da escuta*.

Capacidade auditiva

A ausência de contato visual leva a uma série de alternativas sonoras para a codificação da mensagem. Resulta daí que a base para a recepção seja o sentido da audição, algo que o profissional de rádio deve ter sempre presente.

Linguagem radiofônica

Como já destacado, a linguagem radiofônica engloba o uso da voz humana, da música, dos efeitos sonoros e do silêncio, que atuam isoladamente ou combinados entre si de diversas formas. Cada um desses elementos contribui, com características próprias, para a elaboração da mensagem. É a partir das possibilidades e limitações oferecidas por eles que se estabelecem forma e conteúdo.

Tecnologia disponível

A pesquisa científica, em busca da transmissão de sons e sinais sem o uso de fios, levou a um tipo particular de tecnologia, conhecida como radiofônica, à qual a mensagem tem de se adaptar. Mais recentemente, agregaram-se aprimoramentos e possibilidades proporcionadas pelas novas tecnologias da informação e da comunicação. A maior ou menor quantidade de recursos disponíveis nesse campo influencia na diminuição ou no aumento da eficácia do processo comunicativo.

Fugacidade
Até a década de 1990, o rádio caracterizou-se pela fugacidade do seu conteúdo, a situação em que, para o ouvinte, o som do instante atual deixa de existir no próximo instante, ao ser substituído por outro. Em outras palavras, consome-se a mensagem no momento de sua irradiação. A internet e tecnologias associadas a ela alteraram essa realidade com a disponibilização *on-line* de material já transmitido ou mesmo pela produção exclusivamente voltada ao *podcasting*. A regra geral, no entanto, ainda é pensar a mensagem considerando a alta fugacidade do sonoro.

Tipo de público
As características do público ao qual o rádio se destina condicionam a forma e o conteúdo da mensagem. Assim, por exemplo, considerando o segmento de jornalismo, uma notícia da área econômica pode ter um tipo de tratamento menos coloquial em uma emissora e, em outra, ser traduzida para o leigo, enquanto em uma terceira talvez nem seja transmitida. A análise mais genérica da audiência considera fatores como a classe social, a faixa etária, o nível de ensino e o gênero. A partir deles, outros aspectos podem servir à delimitação e compreensão das necessidades do ouvinte: padrões de consumo, benefícios buscados, estilo de vida, tipo de personalidade etc.

Formas da escuta
Ver algo, além da aptidão visual, exige a disposição do indivíduo para tal. O mesmo não ocorre com o som. A respeito, destaca María Cristina Romo Gil (1994, p. 18): "O som não tem limites nem quanto à sua origem, nem quanto à sua difusão; se expande naturalmente e *pode ser percebido tanto voluntária como involuntariamente* em contraposição ao que ocorre com a visão, completamente sujeita à vontade". A mesma autora (1994, p. 22), citando Ángel Faus Belau, expõe algumas atitudes do ouvinte frente à mensagem radiofônica:

> [...] ouvir é um estado passivo, automático, enquanto que escutar implica uma atenção desperta, ativa, que formula perguntas e sugere respostas, que se antecipa à ação futura que talvez vá

incrementar a audição. Ouvir não põe em jogo mais do que os canais do ouvido. Escutar engloba todo o circuito do pensamento.

A respeito, Abraham Moles (*apud* Romo Gil, 1994, p. 22) apresenta quatro formas distintas para o ato de escutar[4]:

Escuta ambiental	Tudo o que o ouvinte busca no rádio é um fundo musical ou de palavras.
Escuta em si	O ouvinte presta atenção marginal interrompida pelo desenvolvimento de uma atividade em paralelo.
Atenção concentrada	Supõe um aumento no volume de som no aparelho receptor, superando os sons do ambiente e permitindo a concentração do ouvinte na mensagem radiofônica.
Escuta por seleção	O ouvinte sintoniza determinado programa e a ele dedica sua atenção.

Quadro 1 – Formas de recepção (Abraham Moles)

As formas de recepção definidas por Moles não são permanentes ao longo da sintonia em determinada programação. Em proporção variável, chegam a se sobrepor. Imagine-se, por exemplo, uma situação em que o ouvinte – *escuta ambiental* – busca um fundo sonoro para acompanhar suas atividades. As canções vão se sucedendo e, em dado instante, uma lhe desperta uma atenção marginal, alterando a forma de recepção para a *escuta em si*. Na sequência, uma notícia muito importante faz que essa pessoa focalize – *atenção concentrada* – seu interesse na transmissão que, momentaneamente, interrompe a programação musical. O anúncio de que o fato relatado será ampliado em outro horário pode fazer o ouvinte tornar a ligar o rádio mais tarde em uma *escuta por seleção*.

Já Kurt Schaeffer (*apud* Romo Gil, 1994, p. 22) expressa de outro modo essa alternância de estados por parte do público, observando que, ao receber a mensagem radiofônica, o ouvinte adota uma destas quatro atitudes:

---

[4]. O linguista Antenor Nascentes (1981, p. 248) define *escutar* como "prestar ouvido atento". *Ouvir*, por sua vez, seria "sentir a impressão causada pelo som no ouvido".

Ouvir	Simplesmente percebe o som.
Escutar	Já existe, em relação à mensagem, uma atitude mais ativa.
Prestar atenção	Passa a uma atitude com maior grau de intencionalidade.
Compreender	Assimila a mensagem na combinação das atitudes de escutar e prestar atenção.

Quadro 2 – Formas de recepção (Kurt Schaeffer)

María Cristina Romo Gil (1994, p. 23) apresenta algumas estatísticas interessantes sobre a retenção da mensagem pelos sentidos:

Fonte	Órgão de recepção	Até 3h depois	Após 3 dias
Verbal	Ouvidos	60%	10%
Visual	Olhos	72%	20%
Audiovisual	Olhos e ouvidos	85%	65%

Quadro 3 – Retenção da mensagem pelos sentidos[5]

Portanto, a mensagem radiofônica deve ser formulada levando em consideração os limites e as possibilidades de recepção próprias do meio.

---

5. A professora da Universidade de Guadalajara ressalva que a origem dos dados, embora digna de crédito, é incerta. Observa que as informações foram usadas pela Matsushita Electric do México e aparentemente são resultado de uma pesquisa de H. L. Hollingworth.

3. A programação, o segmento, o formato e o programa

A programação relaciona dois processos que envolvem anseios, interesses, necessidades e/ou objetivos: (1) o de quem produz o conteúdo e (2) o de quem o recebe. Essa articulação, longe de ser algo instintivo ou simples, engloba, necessariamente, uma reflexão apurada, um planejamento exaustivo e um acompanhamento constante. Emissora hertziana ou exclusivamente *on-line*, radiodifusores tradicionais ou *podcasters*, quem pensa o rádio deve atentar para uma série de procedimentos e raciocínios complexos na conformação do que pretende difundir. Trata-se, em última análise, de pensar uma identidade para o emissor e uma estratégia para que esta se reflita na mensagem destinada ao ouvinte, razão de ser do rádio. É uma necessidade premente que ganha mais importância com a atual e enorme disponibilidade de conteúdos – jornalísticos, de serviço, de entretenimento, musicais, educativos, publicitários... – nos mais diversos suportes – folhetos, jornais, revistas, estações de televisão, *sites*, *blogs*, redes sociais, arquivos para *download* ou *streaming*... – com os quais o rádio tem de disputar a atenção do público. Essa perspectiva, que engloba aspectos conceituais e metodológicos, perpassa, além da ideia de *identidade*, quatro níveis estratégicos: (1) o do *segmento*, (2) o do *formato*, (3) o da *programação* e (4) o dos *conteúdos em si*, normalmente manifestados na forma de *programas*. Valem tanto para as empresas de radiodifusão sonora que buscam o lucro pela prestação de seus serviços como para as organizações sociais e fundações voltadas à difusão educacional, cultural, estatal e/ou pública. Podem, ainda, ser adaptados às estações comunitárias de baixa potência. E, obviamente, não devem ser ignoradas mensagens radiofônicas exclusivamente pensadas para veiculação via rede mundial de computadores.

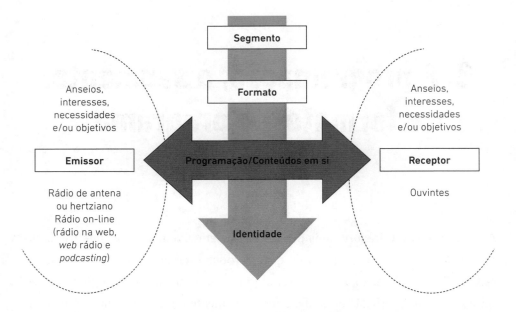

Figura 5 – Níveis estratégicos de planejamento do conteúdo radiofônico

A construção da identidade

Associado a ideias como "fazer saber, tornar comum, participar" (Ferreira, 1983, p. 386), o ato de comunicar remete também à empatia, que pode ser compreendida com base em concepções: (1) *gerais* – "faculdade de compreender emocionalmente um objeto", "capacidade de projetar a personalidade de alguém num objeto, de forma que este pareça como que impregnado dela" e "capacidade de se identificar com outra pessoa, de sentir o que ela sente, de querer o que ela quer, de apreender do modo como ela apreende etc."; (2) *psicológicas* – "processo de identificação em que o indivíduo se coloca no lugar do outro e, com base em suas próprias suposições ou impressões, tenta compreender o comportamento do outro"; e (3) *sociológicas* – "forma de cognição do eu social mediante três aptidões: para se ver do ponto de vista de outrem, para ver os outros do ponto de vista de outrem ou para ver os outros do ponto de vista deles mesmos" (Dicionário eletrônico Houaiss da língua portuguesa, 2007).

O rádio, em qualquer de suas manifestações comunicacionais, objetiva criar uma relação de empatia com o público. É algo que envolve sentimentos de pertença, da atribuição do papel de companheiro virtual à emissora à noção de que aquela estação ou mesmo *podcaster* representa os anseios, os interesses, as necessidades e/ou os objetivos de cada ouvinte. Parte ainda da compreensão do que aquela manifestação radiofônica significa, projetando ali uma espécie de personalidade ou respondendo à construída pelo emissor, criando, assim, uma identificação. Dos pontos de vista psicológico e sociológico, a construção da empatia passa pelo meio envolvendo o ouvinte, colocando-o dentro, no plano do imaginário, da narrativa; simulando um diálogo; oferecendo-lhe o que, em tese, ele deseja escutar. Esse processo inclui uma série de aspectos sintetizados na ideia despertada no receptor a respeito do conjunto de mensagens e de seu emissor. Obriga, assim, ao desenvolvimento de uma identidade clara, talvez o aspecto mais importante a ser considerado nesse processo:

> Não importa qual o formato, que tipo de música toca, qual a cidade onde está localizada ou quantos concorrentes possui, a única coisa que é absolutamente necessária ao sucesso como negócio de uma rádio é definir uma identidade para ela. A identidade de uma emissora precisa ser uma combinação de tudo que a rádio representa para os seus ouvintes, sintetizada em um ou dois elementos altamente identificáveis. Uma identidade é a única coisa que, quando as pessoas veem, ouvem ou pensam no nome da emissora, proporciona essencialmente uma imagem instantânea da própria rádio. A identidade da emissora pode ser obtida principalmente por meio do que é oferecido aos ouvintes em termos de programação. (Warren, 2005, p. 97)

Em seu *Radio: the book*, Steve Warren define desse modo o que a noção de identidade representa para uma emissora comercial. O raciocínio apresentado no livro, uma publicação sob a chancela da National Association of Broadcasters (NAB), entidade representativa dos empresários do setor nos Estados Unidos, pode e deve, no entanto, ser estendido a outras categorias de emissoras e mesmo ao conteúdo distribuído por *podcasting*. Conforme Warren (2005, p. 97), a eficácia da identidade está associada à consistência da mensagem em si, de estilos e formas de apresentação e locução, das palavras de ordem e *slogans* empregados, enfim, de um conjunto bem ajustado de elementos que perpassa todas as atividades o tempo todo e é facilmente reconhecido pelo público. É um processo relacionado à ideia de *marca* e ao que os profissionais de *marketing* chamam de *branding*.

A esse respeito, diz Jean-Charles Jacques Zozzoli (Enciclopédia Intercom de Comunicação, v. 1, 2010, p. 783):

> Além de ser, e por ser, um elemento identificador e diferenciador, preferencialmente legível, audível, facilmente pronunciável e memoriável, evocador e declinável, a marca é um patrimônio. Constitui-se como contrato entre seu titular e seus públicos.
>
> Nessa perspectiva, o anglicismo *branding* é comumente utilizado para designar o conjunto de atividades que visa à *construção* e ao fortalecimento de uma marca, isto é, a política de marca e o poder dessa marca no mercado e na sociedade, numa preocupação com seu valor [...].

Zozzoli (Enciclopédia Intercom de Comunicação, v. 1, 2010, p. 783-84), usando como referência David Aaker, acrescenta a respeito do conceito de *brand equity* ou *capital de marca* proposto pelo estadunidense: "Essa denominação [...] remete aos ativos e passivos agrupados em relação à lealdade à marca, ao conhecimento do nome, à qualidade percebida, às associações à marca em acréscimo à qualidade percebida; a outros ativos do proprietário da marca". Nesse contexto, para ficar claro como se pode construir a identidade de uma emissora e como esta se relaciona com a marca e com o processo de *branding*, toma-se como exemplo o projeto desenvolvido de agosto de 2008 a maio de 2009 pela Tecnopop, empresa de consultoria, para a Rádio Globo, com repercussões nas afiliadas da rede liderada pela emissora controlada pela família Marinho. Integraram a equipe responsável pelo projeto: André Stolarski, na direção e no *design*; Theo Carvalho, *design*, desenvolvendo o novo sistema de identidade visual; e Fernando Morgado, que, além de dar assistência aos demais, atuou no *branding* em si com as pesquisas – iconográfica, histórica, mercadológica, de campo etc. –, no desenvolvimento da plataforma de marca a ser implantada na emissora – essência, valores, posicionamento etc. – e na criação de alternativas para aplicação prática na programação.

Conforme Fernando Morgado (2011), o trabalho realizado procurou "posicionar a Rádio Globo como uma marca de conteúdo de áudio voltado ao jornalismo, esporte e *talk*, focado nas classes BC, que atue de forma independente da banda ou tecnologia empregada para transmissão desse conteúdo", tornando-o "ainda mais atraente aos anunciantes e ouvintes – especialmente aqueles com idade entre 35 e 50 anos". O projeto partiu, ainda, da suposição de que o sucesso da emissora baseava-se no "fato de todas as suas ações serem marcadas por um forte sentimento que ela traz em seu DNA", objetivando responder às questões: "Mas, afinal, qual é a essência da Rádio Globo? O que a faz ser especial para os milhões de pessoas que contam com ela como sua companheira e principal fonte de informação e interpretação dos fatos que acontecem no seu bairro, na sua cidade, no Brasil e no mundo?" (Tecnopop, 2009a). Como explica Morgado, a equipe da Tecnopop buscava uma resposta "única e precisa", sem similaridade entre os concorrentes diretos nos mercados do Rio de Janeiro, de São Paulo e Belo Horizonte, onde estão as emissoras com a denominação Rádio Globo pertencentes diretamente ao grupo. Também deveria "ser universal o suficiente para valer tanto na programação feminina quanto na de esportes e ainda teria que fazer sentido para todas as centenas de cidades aonde o sinal da Rádio Globo chega através das suas afiliadas – isso sem lançar mão de qualquer regionalismo".

Com base no posicionamento histórico da Globo como uma rádio popular de intensa simulação de conversa com o ouvinte, a consultoria identificou o perfil existente então:

> O destaque que a emissora dá ao jornalismo e à prestação de serviço é um ponto importante, mas não se trata aqui da notícia que pode ser encontrada em qualquer outra emissora, site ou jornal: na Rádio Globo, a informação é contextualizada, interpretada e traduzida por profissionais que são mais do que comunicadores: são amigos dos seus ouvintes e que, por isso, desfrutam de uma credibilidade e uma presença que só mesmo os amigos de verdade possuem.
>
> Mas a Rádio Globo não está só nos momentos sérios; ela está na emoção dos estádios e no humor que permeia vários programas. A capacidade de combinar seriedade e descontração, nas doses e horas certas, é outra característica que só os amigos de verdade possuem.
>
> Se, dentro da história do rádio brasileiro, a Rádio Nacional pode ser vista como o símbolo máximo da fase dos programas de auditório e das radionovelas, a Rádio Globo é a protagonista e uma das precursoras da era do comunicador-amigo, ou seja, aquele que fala o que realmente interessa ao seu ouvinte com a máxima intimidade e coloquialidade, sem jamais perder o respeito e o seu compromisso com a boa comunicação. (Tecnopop, 5 maio 2009b)

Para levantar esses dados, além da análise de mercado e da concorrência, foram realizadas entrevistas com comunicadores, gestores, produtores e, em especial, ouvintes da emissora. Uma ideia, então, surgiu como central: a *amizade*, sendo desdobrada em oito valores, "que se encaixam perfeitamente no dia a dia de todas as atividades desenvolvidas pela Rádio Globo, tanto com os seus ouvintes quanto com os seus anunciantes, funcionários e afiliadas: proximidade, intimidade, respeito, compromisso, diversão, conciliação, credibilidade e lealdade" (Tecnopop, 2009b). Dentro dessa proposta, um novo *slogan*, desenvolvido a partir de sugestões do publicitário Luiz Vieira, passou a ser adotado:

> "Bota amizade nisso!". Essa expressão, que já está na boca do povo, é um reconhecimento de que a relação da rádio com seus ouvintes já é muito mais que uma simples simpatia: é um incentivo para que tudo seja feito com o espírito da amizade. Notícias, esporte, serviços, variedades, opinião? Bota amizade nisso! Negócios, espírito de equipe, relação com as emissoras amigas? Bota amizade nisso! Esse é o espírito da Rádio Globo, e só a Rádio Globo tem esse espírito. (Tecnopop, 2009c)

Nesse processo, foi descartado certo senso comum a respeito da relação da rádio com seus ouvintes, presente entre as emissoras do segmento popular, ao qual não estavam alheios os comunicadores da Globo, como esclarece Morgado em entrevista a Ayrton Mandarino:

> Então, essa relação seria familiar? Não, porque a ideia de família está cada vez mais difusa e as figuras paternas e maternas vêm se tornando cada vez menos presentes na sociedade atual, o que também acaba por enfraquecer correntes conservadoras que, muitas vezes, justificam suas intransigências no discutível argumento de que eles são para "defender a integridade da família brasileira". A segunda opção de relação seria a do ouvinte fraco e oprimido com a rádio "super-herói", que luta contra tudo e todos? Também não se trata dessa, porque a Rádio Globo não vê o ouvinte como um coitado incapaz e o apoio que ela dá ao seu público em causas relevantes não acontece no nível do assistencialismo.
> Também não se trata de uma relação profissional, muito menos amorosa – como, um dia, muitos comunicadores de rádio chegaram a adotar. A Rádio Globo tem uma relação de amizade com seus ouvintes porque é próxima sem sufocar, é leal, resiste ao tempo apesar da distância e, principalmente, nasce a partir de um ato de livre escolha do ouvinte – da mesma forma como se pode escolher um amigo.

Além disso, a amizade é um conceito diretamente ligado ao formato *talk* – baseado na figura do comunicador-amigo –, que [...] se firmou no Brasil ainda na década de 1960 justamente através da Rádio Globo do Rio de Janeiro. Ou seja: a amizade faz parte da história da Rádio Globo, inclusive, na definição do seu produto e do seu negócio há, pelo menos, meio século! (Morgado, 2011)

Em termos de rede, foi abandonada a identificação Rádio Globo Brasil, abrindo espaço para a associação da *emissora amiga*, expressão que passou a substituir a "antiga e fria denominação *afiliadas*" (Tecnopop, 2009c), à cidade onde esta tem sua sede, tudo pensado no sentido de aumentar a noção de proximidade com o ouvinte. Nos anúncios em outros meios e nas ruas, a Rádio Globo ganhou também uma nova identidade visual:

> O azul, tão tradicional da emissora, foi mantido, enquanto o vermelho saiu de cena e foi substituído pelo amarelo alaranjado que, dentro do universo da Rádio Globo, é sinônimo de informação e prestação de serviços. O "Amarelinho da Globo", tradicional carro de reportagem da emissora que nunca havia sido oficialmente incluso no seu sistema de identidade visual, finalmente foi elevado à categoria de peça fundamental dentro da composição da imagem da Rádio Globo como um todo.
> [...] Junto com as cores e a tipografia, outro elemento tornou-se fundamental na identificação da Rádio Globo: os ouvintes. Suas fotos passaram a estampar a carroceria do Globo Móvel, o estúdio itinerante da Rádio Globo no Rio de Janeiro e em São Paulo. As imagens, que receberam um tratamento especial que lhes conferiu o novo azul da Rádio Globo como tema, valorizam a diversidade do público da emissora e a presença dela em todos os lugares e momentos, sempre, é claro, na companhia dos amigos.

A definição da ideia sintetizada no "Bota amizade nisso!" exemplifica bem as fases do processo de criação, reconhecimento ou reforço da identidade em rádio, que pode ser resumido conforme o esquema da Figura 6. Nele, aparecem questões a ser respondidas. Apresentam-se, ainda, as inter-relações destas com outros níveis estratégicos de planejamento e atuação – *segmento*, *formato*, *programação* e *conteúdos em si* –, visando, de modo convergente, à geração de empatia, aquela relação em que o ouvinte vê refletido no rádio os seus anseios, interesses, necessidades e/ou objetivos. Observa-se que, como todo esquema constitui-se em uma simplificação de realidades complexas e, no caso do rádio, extremamente variadas, algumas das questões sugeridas exigem, de fato, reflexão constante em todos os momentos da definição da mensagem a ser oferecida ao ouvinte, no seu conjunto – a programação – ou isoladamente – como um dado conteúdo, em geral concretizado na forma de um programa.

Fica clara, assim, a importância da construção de uma identidade. Nesse sentido, o consultor Fernando Morgado (2010) salienta que, na virada para o século XXI, o rádio passa a vender relacionamentos:

> Mais do que qualquer requisito técnico do produto – locução, programação, vinhetas, músicas, qualidade de sinal etc. –, o que de fato atrai os ouvintes para uma determinada rádio é o conjunto de atributos que verdadeiramente fundamentam a realização desse produto, ou seja: mais do que pela voz, as pessoas gostam de um comunicador principalmente pelas ideias que ele defende e pelos valores que ele possui; mais do que pela programação, um ouvinte se identifica com a comunidade de pessoas que gira em torno daquelas atrações (sejam elas musicais, noticiosas, esportivas etc.); e assim por diante. Rádio é relacionamento humano e, como todo relacionamento humano, ele é fincado em valores, crenças e ideais. Um relacionamento frutifica quando ambas as partes compartilham dos mesmos valores e de forma espontânea. Essa identificação, inclusive, é a que viabiliza o debate, a divergência saudável, tão presente, por exemplo, nas rádios *talk*.

Cabe lembrar, no caso do rádio, que esse relacionamento ganha força com base em características atribuídas ao meio, como a de companheiro, e proporcionadas pela portabilidade de vários dos suportes de recepção. E é implementado quando ocorrem um planejamento e uma definição adequada da identidade da emissora e de seus conteúdos.

O segmento

É comum, no Brasil, a confusão entre a ideia de *formato*, nível estratégico de planejamento em rádio que vai ser abordado mais adiante, e a de *segmento*. Peter Fornatale e Joshua Mills (1980, p. 61) delimitam bem essa diferença ao afirmarem

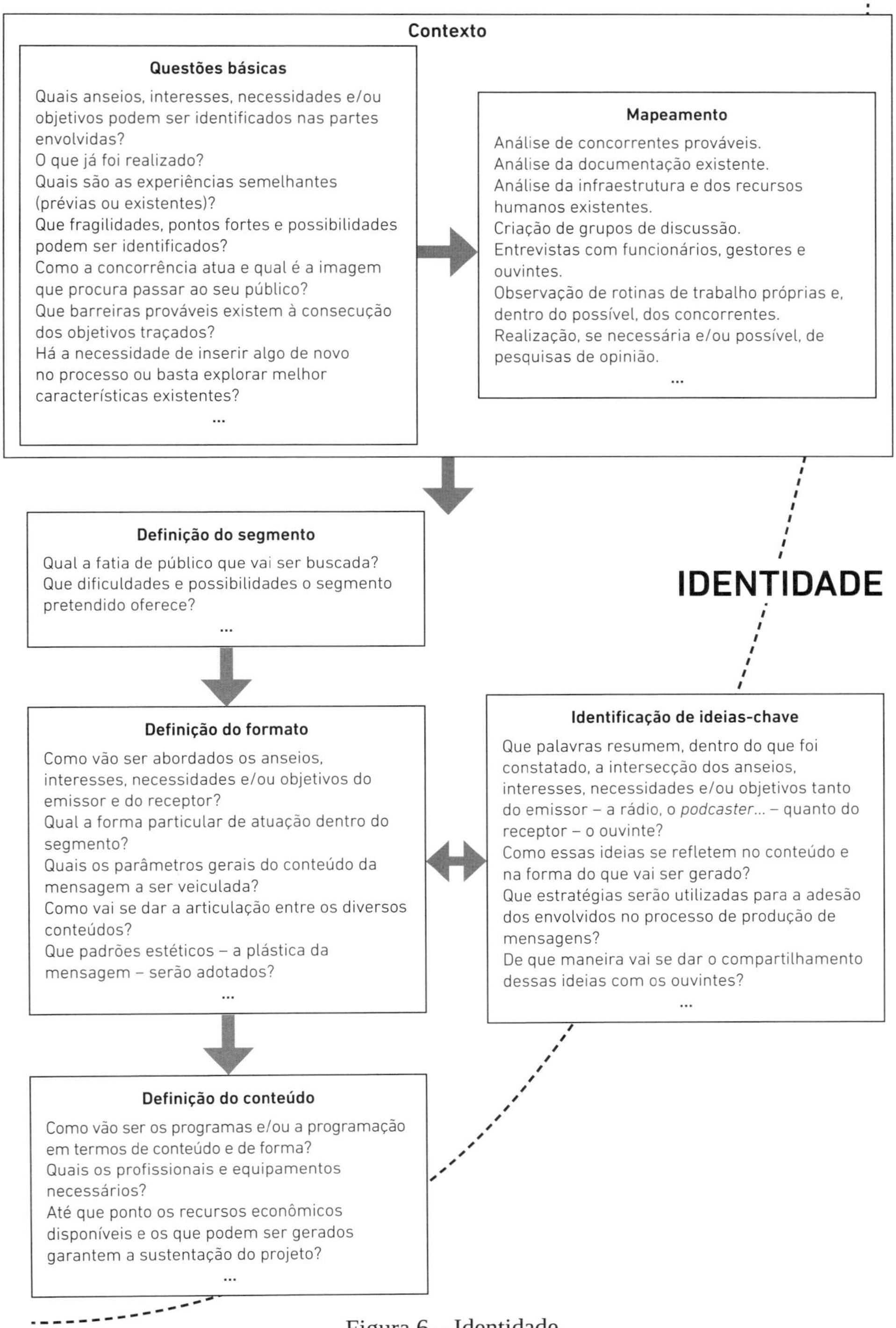

RÁDIO

Contexto

Questões básicas

Quais anseios, interesses, necessidades e/ou objetivos podem ser identificados nas partes envolvidas?
O que já foi realizado?
Quais são as experiências semelhantes (prévias ou existentes)?
Que fragilidades, pontos fortes e possibilidades podem ser identificados?
Como a concorrência atua e qual é a imagem que procura passar ao seu público?
Que barreiras prováveis existem à consecução dos objetivos traçados?
Há a necessidade de inserir algo de novo no processo ou basta explorar melhor características existentes?
...

Mapeamento

Análise de concorrentes prováveis.
Análise da documentação existente.
Análise da infraestrutura e dos recursos humanos existentes.
Criação de grupos de discussão.
Entrevistas com funcionários, gestores e ouvintes.
Observação de rotinas de trabalho próprias e, dentro do possível, dos concorrentes.
Realização, se necessária e/ou possível, de pesquisas de opinião.
...

IDENTIDADE

Definição do segmento

Qual a fatia de público que vai ser buscada?
Que dificuldades e possibilidades o segmento pretendido oferece?
...

Definição do formato

Como vão ser abordados os anseios, interesses, necessidades e/ou objetivos do emissor e do receptor?
Qual a forma particular de atuação dentro do segmento?
Quais os parâmetros gerais do conteúdo da mensagem a ser veiculada?
Como vai se dar a articulação entre os diversos conteúdos?
Que padrões estéticos – a plástica da mensagem – serão adotados?
...

Identificação de ideias-chave

Que palavras resumem, dentro do que foi constatado, a intersecção dos anseios, interesses, necessidades e/ou objetivos tanto do emissor – a rádio, o *podcaster*... – quanto do receptor – o ouvinte?
Como essas ideias se refletem no conteúdo e na forma do que vai ser gerado?
Que estratégias serão utilizadas para a adesão dos envolvidos no processo de produção de mensagens?
De que maneira vai se dar o compartilhamento dessas ideias com os ouvintes?
...

Definição do conteúdo

Como vão ser os programas e/ou a programação em termos de conteúdo e de forma?
Quais os profissionais e equipamentos necessários?
Até que ponto os recursos econômicos disponíveis e os que podem ser gerados garantem a sustentação do projeto?
...

Figura 6 – Identidade

que o objetivo de um formato "é permitir às emissoras de rádio o fornecimento aos anunciantes de um grupo de consumidores mensurado e definido, conhecido como segmento". A exemplo do que já foi dito de observações anteriores às alterações introduzidas no ambiente comunicacional por celular, internet e derivados, pode--se estender a afirmativa de Fornatale e Mills a outros conteúdos radiofônicos não relacionados diretamente aos oferecidos por emissoras; adianta-se ainda que a noção de formatação, conforme alguns autores (Hendy, 2000, p. 94-103), é aplicada não só à rádio em si, mas também aos programas isoladamente. Dentro do que aqui se propõe, portanto, a delimitação do segmento precede a do formato. Em realidade, pode-se trabalhar dentro de um mesmo segmento com um formato determinado concorrendo com outros gerados por abordagens diversas. Observa--se, no entanto, que todos esses níveis estratégicos de planejamento imbricam-se e sobrepõem-se constantemente na construção da identidade.

Do momento em que, no rádio, passou a preponderar o negócio até a ascensão da TV como principal meio massivo, a maioria das emissoras buscou atingir públicos amplos com uma programação baseada em uma média de gosto generalizante. Embora o mercado já tivesse registrado algumas experiências anteriores de segmentação, é na segunda metade da década de 1980 que essa prática se difunde. Como ensina Raimar Richers (1989, p. 14), que não faz menção ao rádio especificamente, mas à atividade econômica como um todo, a segmentação representa um critério diferente de abordagem, considerando a heterogeneidade do público, o que justifica, assim, a concentração de um esforço de *marketing* em dada fatia do mercado. Como se pode, por óbvio, observar, essa ideia refere-se à empresa comercial de radiodifusão sonora, na época já em patamar passível de ser considerado de indústria cultural. Rádios educativas e comunitárias, no entanto, embora de cunho público e, portanto, não comercial, também podem ser consideradas, por suas origens e por seus objetivos, segmentadas.

O processo de concentração de uma rádio em determinado segmento pode englobar apenas alguns programas ou a totalidade das transmissões. Significa oferecer um serviço com destinatário definido, buscando também anunciantes adequados a esses ouvintes específicos. Alguns critérios vão referenciar o corte feito na audiência total para ir ao encontro de um público-alvo. Em centros de grande e médio porte, levam-se em consideração, de modo genérico, (1) *aspectos geográficos*, (2) *demo-*

gráficos e (3) *socioeconômicos*, ou seja, particularidades em relação aos seus ouvintes em potencial, como idade, sexo, local de domicílio, classe de renda, instrução, ocupação, *status*, mobilidade social... A esses fatores, somam-se possibilidades oferecidas por outras opções de segmentação citadas por Richers (1991, p. 19-21), que se baseiam em dados mais específicos do público-alvo e, necessariamente, devem ser coletados com base em pesquisas. Tais modalidades aplicam-se, conforme o economista, "primordialmente a serviços e, sobretudo, a bens de consumo" (Richers, 1991, p. 21). São elas, aqui já adaptadas ao meio rádio – evidentemente um serviço –, as formas de segmentação: por (1) *padrões de consumo*, o que o ouvinte compra e com que frequência; (2) *benefícios procurados*, o que de gratificações ou de utilidades determinado conteúdo oferece à sua audiência; (3) *estilos de vida*, parâmetros comportamentais identificados no modo como as pessoas ocupam o tempo, encaram o contexto em que vivem ou gastam dinheiro; e (4) *tipo de personalidade*, a suscetibilidade, por exemplo, à influência de líderes de opinião.

ESTRATÉGIAS MAIS GENÉRICAS	
Geográfica	Extensão do mercado (nacional, estadual, regional, local etc.).
Demográfica	Idade, sexo, domicílio, família, ciclo de vida (jovem, adulto, idoso...) etc.
Socioeconômica	Classe de renda, instrução, ocupação, status, migração, mobilidade social etc.

ESTRATÉGIAS MAIS ESPECÍFICAS	
Padrões de consumo	Frequência de escuta, forma de escuta, fidelidade, *heavy* e/ou *light listeners* (ouvintes extremamente frequentes ou eventuais) etc.
Benefícios procurados	O que o ouvinte busca na emissora em termos de satisfação, prestígio, companhia, serviço, informação, entretenimento etc.
Estilos de vida	Expectativa de vida, uso do tempo, interesses predominantes, participação em eventos e agrupamentos sociais, uso do dinheiro, amizades, relações pessoais etc.
Tipo de personalidade	Bases culturais, atitudes e valores, lideranças, potencial de mudança etc.

Figura 7 – Segmentação

Resumindo, portanto, define-se *segmentação* como um processo em que, a partir da conciliação entre os anseios, interesses, necessidades e/ou objetivos do emissor e do receptor, além da identidade construída pelo primeiro, foca-se o rádio, em qualquer uma de suas manifestações comunicacionais, em dada parcela do público. Obviamente, ao ir das características mais genéricas para as mais específicas, agrupando ouvintes por suas particularidades na conformação do público-

-alvo, vai se definindo uma abordagem inicial e mais genérica do conteúdo. O segmento, portanto, é o resultado desse processo, ao qual falta ainda estabelecer um tratamento definido, em realidade, o fator central a diferenciar a programação ou o programa de outras produções que lhe fazem concorrência na faixa de atuação escolhida.

Tipos de segmento
Deve-se destacar que, além dos listados a seguir, existe uma variedade significativa de possibilidade de cortes e de definição de segmentos, limitada somente pela criatividade dos que planejam um programa ou uma programação e pela possibilidade de sucesso dessas formas de pensar o público. A listagem deve ser tomada, portanto, em sua proposta didática, descrevendo o mais frequente ou usual.

Jornalístico
Explorado pelas emissoras que se dedicam a uma programação em que predomina o jornalismo, podendo este incluir a cobertura esportiva, com a transmissão de competições, ou apenas o noticiário desse setor da atividade humana. Há, na exploração mínima desse segmento, a presença de âncoras, noticiando os principais fatos do momento e as mais significativas opiniões das fontes, além de explicarem e se posicionarem a respeito destas. Na forma mais próxima da ideal, engloba os mais variados tipos de programas jornalísticos; a presença de uma equipe estruturada de profissionais, com destaque para a reportagem; e a cobertura intensiva de acontecimentos culturais, econômicos, políticos e sociais, não raro do seu palco de ação, sem descuidar dos grandes eventos esportivos.

Popular
Por vezes com práticas próximas do populismo – o comunicador que se coloca como um representante do povo ou uma espécie de defensor de suas causas –, apresenta programação baseada na simulação de uma conversa coloquial com o ouvinte, em *hits* musicais, nas informações relacionadas à vida pessoal de celebridades, na constante prestação de serviços e na exploração do noticiário policial. A respeito, vale a crítica de Eduardo Meditsch (2002, p. 59):

[...] nas rádios voltadas ao público de baixa renda, o acesso à inteligência é geralmente negado. Os grandes problemas da audiência não são enfrentados: ou são tangenciados pela dissimulação, ou sublimados pelo paternalismo dos comunicadores, que assim se tornam potenciais ocupantes de cargos políticos. A manipulação corre solta, até porque é de mau gosto, e quem poderia denunciá-la prefere não ouvir, está sintonizado em outra zona do *dial*. Sensacionalismo, violência, drama, berreiro, e a audiência se mantém altamente estimulada, desinformada e distraída.

Esse tipo de rádio direciona-se a ouvintes, em média, das classes C, D e E, com mais de 25 anos e escolaridade, frequentemente, inferior à conclusão do ensino fundamental, embora isso não possa ser tomado como uma regra absoluta.

Musical

Ao contrário das duas formas de segmentação anteriores – baseadas na fala –, caracteriza-se pela transmissão de músicas com apresentação ou locução ao vivo ou gravada. Subdivide-se em:

- Musical adulto: busca atingir uma audiência com idade superior a 25 anos. É o rádio da música contemporânea, normalmente dirigida a ouvintes das classes A e B.
- Musical jovem: voltado predominantemente ao público dos 15 aos 25 anos, com uma programação baseada nos chamados sucessos do momento e conduzida por comunicadores que, com humor e muita agitação, procuram criar um elo de identificação com os ouvintes.
- Musical gospel: rádios de conteúdo religioso, geralmente ligadas a igrejas – católicas e, com maior frequência, evangélicas –, que transmitem canções de louvação aos princípios cristãos.
- Musical popular: voltado ao público das classes B e C. Apresenta, assim, uma programação musical em que despontam canções de fácil apelo ao público, destacando-se gêneros como o pagode, o sertanejo e o romântico.

Comunitário

É a expressão dos movimentos das rádios comunitárias em termos de segmentação de conteúdo. Significa voltar a programação para o entorno de onde a emissora atua. Com base em uma gestão colaborativa e descentralizada – seu grande diferencial –, adota uma linha de trabalho extremamente afinada com a formação da cidadania, o desenvolvimento da autoestima e a resolução de problemas da comunidade: do bairro ou do grupo de bairros, na zona urbana, ou mesmo de um assentamento agropastoril na área rural.

Cultural
Adotado pelas emissoras não comerciais, herdeiras da vertente educativa e voltadas a uma programação que pretende formar o ouvinte.

Religioso
Com preponderância de um conteúdo falado, caracteriza-se pelas igrejas radiofônicas, ou seja, as emissoras postas exclusivamente a serviço de correntes religiosas que transmitem cultos, curas pretensamente milagrosas, exorcismos e pregação baseada na Bíblia.

O formato

A ideia de formato radiofônico aparece aqui com o mesmo sentido associado às expressões *radio format*, *program format* ou *station format* no mercado estadunidense, ou seja, na definição de Laurie Thomas Lee (2004, p. 612), como "uma concepção global de programação de uma emissora ou programa específico. É, em essência, uma combinação de elementos [...] em uma sequência a qual irá atrair e prender o segmento de audiência que está sendo buscado". A adoção de uma *radio formula*, denominação inicial dessa estratégia de atuação, está, portanto, no cerne do processo de segmentação:

> O conceito, como ele surgiu no final dos anos 1940 e no início da década de 1950, envolveu mais a metodologia do que o conteúdo. As estações não pretendiam deixar as coisas ao acaso, nem condicionadas aos caprichos dos disc-jóqueis. Desenvolveram regras dotando cada emissora de uma personalidade identificável pelos ouvintes. Estas regras podiam incluir rodar X número de canções por hora, identificar a rádio X vezes e especificar quando inserir os comerciais. O que as fórmulas radiofônicas postularam é que o público gosta de coerência: não im-

porta quem seja o DJ ou qual a hora do dia, a estação precisa ser reconhecida em relação à concorrência. Esta foi uma radical mudança de raciocínio. (Fornatale; Mills, 1980, p. 13-14)

O formato constitui-se, assim, na maneira de abordar o segmento. Se este último é genérico, o formato, obrigatoriamente, apresenta características as mais específicas possíveis. Desse modo, dentro de um mesmo segmento, podem atuar emissoras com este ou aquele formato. Tal diferenciação conceitual ganha importância pela enorme, variada e crescente oferta de conteúdo comunicacional deste início de século XXI. Há tal diversidade à disposição que, de um lado, uma emissora musical adulta com notícias atualizadas a cada 15 minutos e um bom conjunto de comentaristas talvez possa captar ouvintes antes exclusivos de uma estação dedicada 24 horas ao jornalismo; de outro, no segmento musical jovem, uma rádio tem a possibilidade de optar pela repetição, de modo incessante, dos 40 principais *hits*, enquanto outra decide pelo *pop* e pelo *rock* sem abdicar de alguns dos chamados sucessos do momento, veiculados com menor frequência. No segmento de jornalismo, enquanto uma estação escolhe um formato como o *talk and news* (com noticiários, daí o *news*, e comentários, debates e entrevistas, daí o *talk*), outra assume o música-esporte-notícia, de conteúdo já explicado pela própria denominação do formato. E ambas talvez disputem público e rol de anunciantes semelhantes.

Cabe observar, na linha de raciocínio de Eduardo Meditsch (2002, p. 58-59), que a pura e simples importação de formatos desenvolvidos nos Estados Unidos, sem adaptações, não teria chance de vingar em outra realidade socioeconômica, como a brasileira. Acrescenta-se ainda que os radiodifusores daqui foram pródigos em importá-los prontos e adaptá-los. De fato, não se desenvolveu aqui a prática metodológica, o que levou à formatação com planejamento baseado em pesquisa sendo substituído, exclusivamente e com frequência, por impressões e intuições de gestores.

No rádio brasileiro, a palavra *formato* aparece, não raro, associada ao que, nos Estados Unidos, é conhecido como *format clock*, o padrão que baseia a marcação do tempo destinado aos conteúdos jornalísticos, de serviço, de entretenimento, musicais e educativos em relação às parcelas ocupadas pelo intervalo comercial. Pensar a grade diária e semanal, sem dúvida, faz parte do processo de definição da programação e/ou do programa. A denominação *formato horário* remete, assim, à representação gráfica de um relógio estilizado, com marcações apontando o momento de irradiação desta ou daquela mensagem. Em geral, no Brasil as emissoras adotam, nesse sentido, três formatos, tendo por referência a hora cheia e podendo mesmo, ao longo do dia, alternar entre um ou outro, conforme as necessidades do material veiculado e mesmo da faixa horária:

Blocos		Intervalos comerciais	
Quantidade	Duração (minutos)	Quantidade	Duração (minutos)
4	12 a 13	4	2 a 3
3	17 a 18	3	2 a 3
2	27 a 28	2	2 a 3

Quadro 4 – Formato horário

Em uma emissora voltada ao jornalismo, por exemplo, no caso de programas de entrevista, o padrão poderá ser de quatro blocos de 12 a 13 minutos a cada hora. Nos do tipo mesa-redonda, para que flua melhor a troca de ideias entre os participantes, talvez a opção seja por três de 17 a 18 ou por dois de 27 a 28 minutos. No segmento musical, faixas de maior audiência e, portanto, com muitos anunciantes

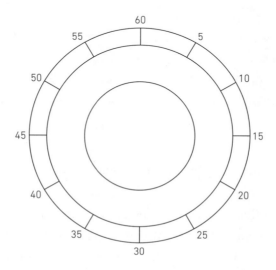

Figura 8 – Formato horário

tendem a abrir mais espaços comerciais. Nesse caso, a rádio pode fugir desses padrões, transmitindo duas canções separadas das duas próximas por locução e um intervalo comercial em um formato com seis blocos de oito a nove minutos cada. Em horários com menos público, há a tendência de blocos musicais maiores – 27 a 28 minutos –, apostando na fidelização de um tipo de ouvinte em particular e veiculando músicas de ritmos mais específicos ou de apenas um intérprete ou grupo, mas sem fugir do segmento de atuação.

Com base na representação gráfica do formato horário, quem planeja uma programação pode esboçá-la dessa maneira, levando em consideração o tamanho dos blocos e distribuindo, inclusive, o conteúdo interno de cada programa. É um recurso para facilitar a visualização da programação como um todo. Nesse processo, leva-se em consideração as alterações na quantidade de ouvintes ao longo do dia e a diferença existente nessa quantidade de segunda a sexta em relação ao final de semana. Por exemplo, nos segmentos jornalístico e popular, em cuja programação predomina a fala, a curva de audiência comporta-se, não raro, de modo semelhante ao representado no gráfico da Figura 9, com índices maiores nas faixas de início da manhã, em torno do meio-dia e no fim de tarde:

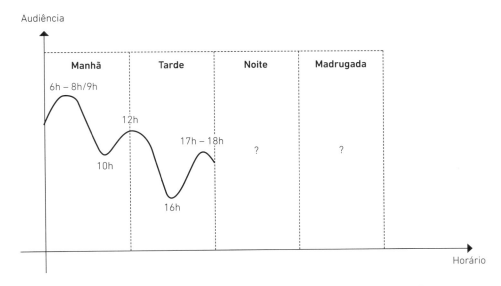

Figura 9 – Curva de audiência dos segmentos jornalístico e popular
(segunda a sexta-feira)

A audiência da noite e/ou das tardes de sábado e domingo pode tanto crescer, no caso da transmissão esportiva de um jogo de futebol de destaque, como ser bem menor. Algumas estações dedicam faixas horárias nesses períodos a públicos mais específicos, fazendo uma espécie de segmentação dentro da segmentação. Outra incógnita é a madrugada, quando a audiência, em geral, despenca. No entanto, nos segmentos jornalístico e popular, emissoras nas grandes cidades brasileiras obtêm bons resultados, inclusive com retorno comercial, direcionando sua programação aos insones, aos mais idosos, aos que trabalham nesse horário e aos solitários.

Rádios musicais voltadas aos segmentos de faixas etárias acima de 25 anos tendem a apresentar curvas de audiência semelhantes às jornalísticas e populares, formatadas, respectivamente, em torno da figura de um âncora ou de um comunicador. Podem se verificar picos de audiência provocados por comunicadores potencialmente de maior empatia com o público. Já no segmento musical jovem, até os anos 1990 a audiência crescia ao longo da manhã, reduzia-se por volta do meio-dia e voltava a aumentar e atingia seu pico à tarde. No entanto, alterou-se com o crescente acesso a conteúdo musical via internet. Ricardo Schott (2006, p. 48) observa, em reportagem na revista *Bizz*: "As principais estações do Brasil já sabem: muitos de seus potenciais ouvintes entendem que música hoje existe para tocar no computador, no MP3 *player*, no *discman* – e não exatamente no rádio".

De fato, segundo os institutos de pesquisa, há indícios de que o público desse segmento tende a se concentrar em programas específicos, em que predomina a conversa associada ao humor (Ferraretto, 2008). De segunda a sexta-feira, esses picos na quantidade de ouvintes ocorrem, com mais frequência, nos horários de início e final de tarde. A alteração na curva de audiência, de acordo com os dados existentes, associa-se ao sucesso do formato desenvolvido pelo radialista Emílio Surita com o programa *Pânico*, na Jovem Pan FM, atração que estreou em 1993 e possuiu dezenas de sucedâneos no território nacional, a maioria irradiada, também, entre 12h e 14h, mas com versões em algumas regiões posicionadas na faixa das 17h às 19h. O usual, nesse segmento, é a abertura de espaços para gêneros musicais mais específicos, com ou sem locução gravada ou ao vivo, nos turnos da noite e nos finais de semana. Assim, uma rádio calcada no *pop* pode, por exemplo, pender, nesses horários, para o *funk* ou o *techno*. Apresenta-se a seguir uma curva de audiência possível para uma emissora desse tipo.

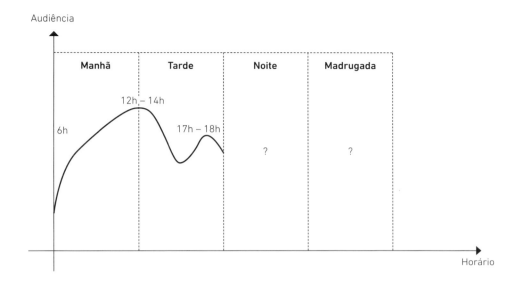

Figura 10 – Curva de audiência do segmento musical jovem (segunda a sexta-feira)

Resumindo o que até aqui foi exposto, em uma emissora de rádio o processo de formatação engloba simultaneamente: (1) a demarcação da sua linha de programação, uma ideia geral dos padrões de conteúdo e de forma em relação ao conjunto de mensagens que se prevê que sejam transmitidas aos ouvintes; (2) a modelagem interna de cada programa; e (3) a adequação deste à grade horária, tanto do dia em si quanto da semana. Conforme David Hendy (2000, p. 95), em cujas observações baseiam-se esses três itens, "um produto padronizado é provavelmente o melhor meio de obter, com previsibilidade, uma audiência determinada". Atingir um segmento com um programa ou com uma programação representa, desse modo, a orientação do produto final por um formato determinado. Obviamente, deve-se pensar esse planejamento como um processo dinâmico, buscando ultrapassar os limites de uma reflexão mais mecanicista que considera o público um dado apenas numérico.

> **ATENÇÃO**
>
> A formatação de programas ou de programações não deve ser vista como algo estático. Estabelecem-se padrões, mas estes, dependendo da situação, podem – e devem – ser quebrados. Tudo é uma questão de bom senso e criatividade. No entanto, na dúvida sobre os efeitos de uma mudança eventual, sugere-se seguir o modelo previamente estabelecido.

Formatos de programa

Definir o formato de um programa significa trabalhar dentro dos parâmetros gerais de identidade de quem o produz, uma estação de rádio ou um *podcaster*. Significa definir, como observa David Hendy (2000, p. 95), um modelo que determina a estrutura e o estilo do programa: "Seus *conteúdos*, estabelecidos com precisão, vão variar de uma edição para a próxima, mas a *estrutura* e o *estilo* serão sempre essencialmente os mesmos, no mínimo até que uma necessidade de modernização seja sentida e realizada em uma *nova* formatação". O professor da Universidade de Westminster destaca as semelhanças desse processo com o que ocorre em meios impressos e audiovisuais:

> Isto proporciona ao ouvinte uma identificação perceptível do programa, porque torna cada edição isolada suficientemente familiar e oferece aos produtores um quadro seguro com o qual eles podem habitualmente trabalhar. Em certo sentido, não é diferente do planejamento visual que caracteriza cada jornal ou da cenografia de um programa de televisão. No entanto, enquanto tais formatos são reconhecidos de modo instantâneo, nós sabemos que a estrutura de um programa de rádio é invisível e apenas *parcialmente* revelada em uma primeira audição, talvez pela voz do seu apresentador e o estilo empregado por ele (linguagem, ritmo, grau de formalidade), Uma ideia completa só se revela gradualmente, em tempo real e ao longo da irradiação. Portanto, o formato de um programa – embora claramente relacionado com o som da transmissão a cada dado instante desta (o tom adotado pelo apresentador, seu ritmo de fala, a forma dos comerciais e assim por diante) – atende, acima de tudo, à sua ideia geral, uma vez que vai se revelando ao longo do tempo.

Dessa maneira, de um dia para o outro, a identidade de um programa acaba se fixando na memória do ouvinte pela repetição da escuta e pela manutenção de determinadas características, do estilo do comunicador ao microfone à veiculação de mensagens de tipos similares em momentos mais ou menos semelhantes. A formatação cria limites e possibilidades ao estabelecer uma estrutura relativamente previsível sobre a qual pode – e deve –, no entanto, atuar a criatividade dos envolvidos no processo de produção. As noções aqui apresentadas, desse modo, adaptam-se tanto ao programa como unidade básica de conteúdo em certos tipos de programação quanto à mensagem produzida periodicamente e conformada para *podcasting*.

RÁDIO

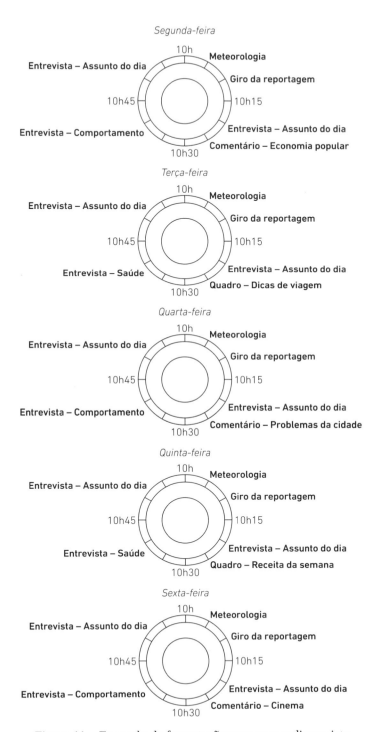

Figura 11 – Exemplo de formatação para uma radiorrevista

Um exemplo desse processo de formatação aparece a seguir. Trata-se de um programa matinal, focado no lazer e no serviço, do tipo radiorrevista. Irradiado das 10h às 11h, apresenta espaços definidos – entrevistas, comentários e quadros fixos –, uns que se repetem e outros que se diferenciam ao longo da semana. Supondo-se a distribuição do conteúdo em quatro blocos de 12 a 13 minutos cada, o primeiro e o quarto, em termos de estrutura, não se alteram. O segundo, no entanto, apresenta, às 10h25, três comentários semanais – nas segundas, sobre economia popular; nas quartas, sobre problemas da cidade; e, nas sextas-feiras, sobre cinema, com especialistas agregando opinião ao programa – e dois quadros fixos – um com dicas de viagem, nas terças, quando um profissional do setor de turismo dá sugestões de roteiros, e outro tratando de culinária, nas quintas, com um chef de cozinha de um restaurante de destaque ensinando receitas de fácil preparo ou dando dicas de como aprimorar pratos aparentemente simples. Todos esses espaços são previstos também para auxiliar a comercialização, voltando-se a anunciantes específicos. No terceiro bloco, alternam-se entrevistas tratando de assuntos ligados ao comportamento – nas segundas, quartas e sextas-feiras – com outras tendo por temática a saúde – nas terças e quintas-feiras.

Formatos falados e/ou não musicais de programação

Por óbvio, uma rádio em que prepondera a fala ampara-se em um diálogo mais ou menos contínuo – ou na simulação deste – do qual fazem parte, em diferentes momentos e segundo diversas proporções, os profissionais da própria emissora, os protagonistas dos fatos, os especialistas e os ouvintes. Formatar significa, nesse caso, a definição de parâmetros segundo os quais se estabelecem as formas de participação de cada um desses elementos na programação, o que, cabe destacar, em realidade se constitui no passo seguinte à escolha do segmento ao qual vai se voltar a emissora. Nesse processo, consideram-se fatores como os da Figura 12.

Formatos musicais de programação

A definição de um formato desse tipo obriga a um planejamento que permita ao ouvinte identificar a emissora pela sequência de uma ou duas canções em dado instante. Significa dizer que a combinação de músicas deve expressar, a cada período de tempo, a imagem média da rádio. Para assegurar que isso ocorra, em

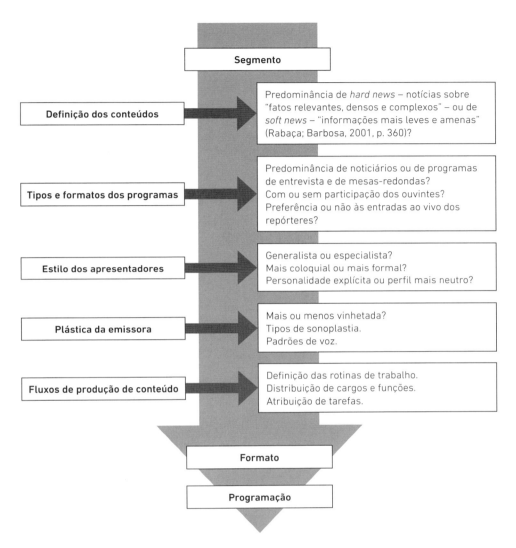

Figura 12 – Formatos falados e/ou não musicais de programação

geral se utiliza como base uma hora trabalhada em 20 partes de três minutos, duração média de uma canção. Assim, a cada quarto de hora, rodam em média três músicas, sobrando de três a quatro minutos para o comunicador anunciar/desanunciar[6] e outros dois ou três para os comerciais. O programador pode, então,

---

6. Prática de indicar o nome das músicas, de seus intérpretes e, menos frequentemente, os compositores antes da veiculação das canções – daí a ideia de *anunciar* – e depois, respectivamente.

dosar, por exemplo, *hits*, os sucessos do momento; lançamentos, as novidades; *standards*, as canções extremamente conhecidas dentro da cultura dominante; *flashbacks*, os sucessos do passado...

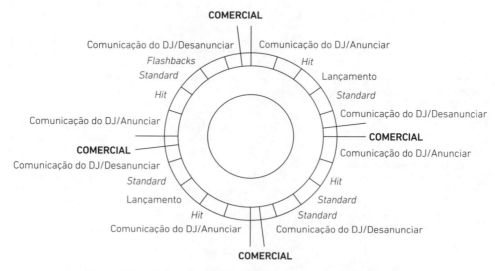

Figura 13 – Exemplo de formatação para uma hora de música

Deve-se considerar ainda a estratégia de rotatividade das canções a ser veiculadas. O programador define quantas vezes um lançamento, por exemplo, vai tocar e, na sequência, analisa se este tende a se transformar em *hit* ou não. Tal permanência, portanto, pode ser transitória. Com o passar do tempo, no entanto, alguns *hits* de outrora vão reaparecer como *flashbacks* ou *standards*. Dependendo do formato escolhido, as músicas talvez sejam classificadas com base em outros critérios: por décadas, gênero, tipos de intérprete...

Essa combinação de particularidades que expressa os parâmetros de programação não impede a oferta de programas específicos, em uma espécie de segmentação dentro da segmentação, a exemplo do citado a respeito dos formatos falados. Uma rádio caracterizada como adulto contemporâneo pode, por exemplo, na faixa noturna, das 23h às 24h, apresentar, nas segundas, quartas e sextas, um programa focado no *jazz* e, nas terças e quintas, um na MPB. Talvez inclua, nas noites de sábado, das 19h às 22h, um conteúdo mais falado, com dicas de cultura e lazer para o final de semana, que se façam acompanhar de uma música

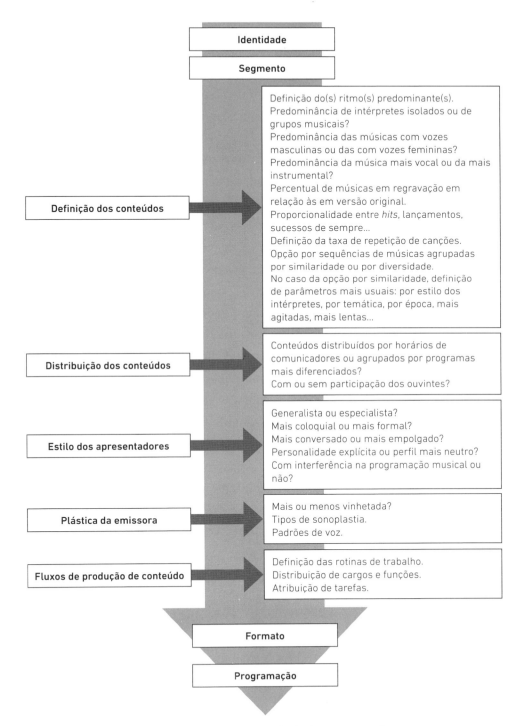

Figura 14 – Formatos musicais de programação

mais agitada a convidar para a dança, tudo obviamente dentro do público ao qual a rádio se volta.

Em qualquer caso, independentemente do segmento – musical adulto, *gospel*, jovem, popular etc. –, a definição de um formato musical implica que se considere, de forma equilibrada, uma série de elementos, como descrita na Figura 14.

Principais formatos nos Estados Unidos e seus correlatos no Brasil
Em termos de formatação de programação, existem terminologias empregadas no país que não correspondem exatamente aos seus congêneres dos Estados Unidos, espécie de mercado-referência para o rádio comercial brasileiro. Isso se deve, de um lado, às adaptações aqui realizadas, mas também a certo desconhecimento de alguns radiodifusores; e, de outro, ao fato de a denominação de um formato indicar sempre uma ideia média a seu respeito, já que há uma imensa diversidade de combinações possíveis. Mesmo nos Estados Unidos, como observa Steve Warren (2005, p. 42), identificar um formato por uma denominação – e, por extensão, demonstrar a que tipo de rádio a emissora se dedica – é algo de precisão relativa. A variedade de combinações torna diferentes mesmo estações, por exemplo, que se autodenominam *all-news*. Dessa maneira, é usual deixar apenas implícito o formato e explicitar, sim, a identidade, resumindo-a a palavras-chave ou a *slogans*. Portanto, o que se apresenta a seguir constitui-se em uma listagem de formatos tomados em seus aspectos genéricos, procurando descrever como estes foram adaptados ao mercado brasileiro. As informações sobre o rádio estadunidense citadas na sequência são baseadas nas obras de David Hendy (2000, p. 98-103), Peter Fornatale e Joshua Mills (1980, p. 59-91), Michael C. Keith (2010, p. 75-91) e em verbetes da *The Museum of Broadcast Communications encyclopedia of radio*, editada por Christopher H. Sterling (2004).

ATENÇÃO

As categorias listadas a seguir aparecem, por vezes, tanto nos Estados Unidos quanto no Brasil, combinadas. De fato, estabelecer um formato é um processo que apresenta uma diversidade infinita de possibilidades.

All-news, all-talk, talk and news e news plus[7]

Os formatos baseados de modo exclusivo em notícias – *all-news* –, preponderantemente na conversa – *all-talk* – ou derivados destes – *talk and news* e *news plus* – possuem correspondentes no Brasil nos segmentos jornalístico e popular. Cabe observar que, em sua origem, o *all-news* apresentava uma sequência contínua de irradiação de notícias na forma de textos e reportagens, repetidas e atualizadas em períodos de tempo variando de sete a 30 minutos. Já o *all-talk*, também conhecido como *talk radio*, envolvia programas com participação do ouvinte em que este era instado a opinar a respeito de assuntos de atualidade.

Aqui, as emissoras dedicadas 24 horas por dia à notícia, mesmo que se autodenominando *all-news* ou apenas *news*, em realidade, desenvolveram um formato intermediário que pende para o *all-talk*. Ao optarem pelo jornalismo em tempo integral, rádios como a Gaúcha, do Grupo RBS, de Porto Alegre, já o fazem assumindo-se dentro de um híbrido com entrevistas, noticiário puro e reportagens. Outras – caso da Central Brasileira de Notícias, das Organizações Globo, do Rio de Janeiro – surgiram definindo-se como *all-news*, mas com doses consideráveis de conteúdos que, na origem do formato, seriam considerados mais próprios do *talk*. A ideia de repetição aparece com força na BandNews, do Grupo Bandeirantes de Comunicação, de São Paulo, projeto mais próximo do *all-news* estadunidense, que irradia blocos de 20 minutos com espaços padronizados com noticiário, prestação de serviços e comentários. Mesmo nela, há espaço para o *talk*, uma característica histórica do radiojornalismo brasileiro.

No caso do rádio popular, de forte ligação com as parcelas mais pobres da sociedade, as emissoras dos principais centros do país desenvolveram programações centradas na figura do *comunicador-amigo*, que tanto conversa do estúdio por telefone com o ouvinte como faz entrevistas, interage com comentaristas e repórteres e/ou coordena mesas-redondas. Levando ao ouvinte uma combinação de entretenimento, notícias e prestação de serviços, transita, não raro, de uma espécie de autoajuda radiofônica ao assistencialismo, com doses de populismo e sensacionalismo. É um tipo de rádio mais próximo do *all-talk* das emissoras dos Estados Unidos.

---

7. Sempre que corrente nas emissoras brasileiras, utilizaram-se, aqui, as denominações em português.

Entre as variações existentes por lá e baseadas no *all-news* e no *all-talk*, Michael C. Keith (2010, p. 82) cita o *news plus*, formato muito semelhante ao desenvolvido no Brasil e conhecido como *música-esporte-notícia*: "Mesmo que enfatize a notícia, alguns períodos são preenchidos por música [...]. Emissoras do tipo *news plus* também possuem uma grade fortemente voltada aos eventos esportivos". Aproximam-se desse formato estadunidense emissoras surgidas neste início de século no Brasil que fazem do futebol ou de um conjunto de modalidades esportivas o seu foco.

Adulto contemporâneo

Nos Estados Unidos, o formato *adult contemporary* e os seus derivados voltam-se à faixa etária dos 25 aos 49 anos e são posicionados socioeconomicamente nas classes A e B. A programação musical compõe-se basicamente de *standards* de *pop music* e alguns *hits*; nunca *rock* mais pesado. De fato, tirando canções consagradas – em geral, baladas –, quase nada que possa ser identificado como *rock* é transmitido. No caso brasileiro, a estes acrescenta-se, por vezes, MPB e alguns clássicos do samba-canção. Fique claro, portanto: o adulto contemporâneo caracteriza-se por uma sonoridade menos agitada, da qual não fazem parte nem *riffs* de guitarra, nem batucadas carnavalescas.

Country, jazz, pop, rock *e outros formatos por gênero musical*

A formatação por gênero musical é prática comum tanto nos Estados Unidos – *country, jazz, pop, rock* etc. – como no Brasil. Aqui, como lá, há uma variedade considerável, das presentes em vários pontos do país – *funk*, pagode, sertanejo, *techno*... – às de cunho mais regional – axé, forró, gauchesca... Algumas destas últimas, por vezes, ocupam espaços fora de suas regiões de origem. Em menor proporção, umas poucas emissoras dedicam-se ao *rock*, do mais clássico às suas diversas variações.

Beautiful music, easy music *ou* golden music

É o radio no qual predominam orquestrações, ou seja, versões instrumentais. Como definem Peter Fornatale e Joshua Mills (1980, p. 77-78): "Seu conteúdo inclui arranjos exuberantes, altamente orquestrados e arranjos adocicados de antigos clássicos, sucessos populares, melodias de espetáculos e obras semiclássicas". Eventualmente, envolve vocalizações em que a base segue sendo o instrumental e o coro, de fato, não usa palavras, apenas faz o acompanhamento com articulações de sons. No Brasil, constituiu-se na opção inicial das emissoras pioneiras em frequência modulada. Volta-se a um público mais velho do que o do adulto contemporâneo.

Contemporary hit radio *(CHR)*

Formato conhecido até alguns anos como *Top 40*, por se basear na repetição dos 40 principais sucessos musicais, priorizando ou não, conforme o momento, os colocados nas primeiras posições. Foi pensado para o público jovem e marcou a programação das emissoras desse segmento musical, até a internet popularizar o *download* de canções a ser ouvidas em celulares, computadores ou *players* portáteis. Representa uma redefinição do *Top 40* original, mantendo a ideia de alta estimulação associada ao desempenho do comunicador, uma rádio agitada e inquieta, sem espaço para nada além da fala do DJ e das músicas – elementos que, no seu conjunto, garantem um estado de permanente agitação por parte do ouvinte jovem. Como destaca Michael C. Keith (2010, p. 77), o silêncio, identificado como *dead air*, é o inimigo.

Clássico

São raras as emissoras que se dedicam à veiculação de música erudita no Brasil. Por ser considerado de difícil aplicação comercial, é em geral, no país, um formato associado ao rádio cultural e/ou educativo. Programações desse tipo privilegiam movimentos específicos – partes – das obras e reservam outros horários à execução de peças completas.

Flashback

Usualmente conhecido por essa denominação no Brasil, esse formato confunde-se um pouco com o que, nos Estados Unidos, leva o nome de *classic*, que constitui os chamados clássicos do *rock'n'roll*; *nostalgia*, voltado à veiculação das *big bands* e dos grandes intérpretes dos anos 1940 e 1950; e *oldies*, concentrado nos grandes sucessos dos anos 1950 e 1960, incluindo o *rock* mais consagrado. Aqui, *flashback* identifica um leque considerável de programações. Pode se referir a sucessos – antigos *hits* e, com certeza, muitos *standards* – dos anos 1980 e 1990;

das duas décadas anteriores com doses significativas de música jovem, *rock* ou não; da Velha Guarda, do chorinho e do samba; da MPB em geral...

Eclético

Formato típico das emissoras brasileiras de centros urbanos de menor porte que optam por segmentar suas programações por horário. De início, era adotado exclusivamente por estações em ondas médias. Com a outorga de canais em frequência modulada para pequenas localidades sem outras emissoras, começou a ser usado também em rádios dessa faixa de transmissão. Constitui-se em um conjunto de programas buscando agradar a vários tipos de ouvinte. Por exemplo, entre 6h e 8h, ocorrem emissões para um público bem genérico com informações para quem está acordando, entremeadas, não raro, por músicas. Na sequência, entram programas jornalísticos abordando os principais fatos do município e da região, voltados aos formadores locais de opinião. É o espaço em que o prefeito, seus secretários, os vereadores e outras personalidades do município concedem entrevistas ou participam de mesas-redondas. Parte da manhã ou da tarde, no entanto, é preenchida por comunicadores populares, com a emissora procurando atingir, desse modo, as classes C e D. Além disso, a programação pode incluir música, transmissões esportivas locais e mesmo espaços terceirizados. Assemelha-se ao estadunidense *full service* – também conhecido como *variety*, *general appeal* ou *diversified* –, oferecendo aos ouvintes de cidades pequenas, do mesmo modo que aqui, uma programação variada. Lá, no entanto, verifica-se uma menor disparidade entre o público das diversas faixas horárias.

Público

Nos Estados Unidos, esse formato encontra-se associado à existência da National Public Radio, um conjunto de emissoras sem fins lucrativos voltadas à veiculação de notícias e de programas culturais. No Brasil, fora estações sob controle estatal, o rádio público envolve, em realidade, emissoras outorgadas como comunitárias e educativas. A orientação deixa de ser a geração de audiência e a comercialização desta, associada ao conteúdo, com os anunciantes. Constitui-se em um tipo de rádio voltado à construção da cidadania e à difusão cultural ampla que, necessariamente, passa por uma administração pública corporificada em conselhos consultivos, deliberativos e/ou gestores, instâncias nem sempre existentes. O conteúdo, sob essa orientação, deve contemplar a noção de diversidade, dando voz não só às parcelas hegemônicas na sociedade e constituindo-se, dessa forma, em uma proposta inclusiva de rádio. Não se trata apenas de debater os assuntos relativos a questões, para citar algumas, de etnia, gênero, necessidades especiais ou opção sexual. Significa ter também espaços de programação conduzidos por pessoas desses segmentos sociais considerados minoritários.

Religioso

No Brasil, esse formato constitui-se em uma espécie de *igreja radiofônica*, associado, de modo predominante, a vertentes religiosas de cunho evangélico e a algumas facções carismáticas do catolicismo romano. Inclui, basicamente, pregação e as chamadas curas milagrosas, embora abra espaços para programas nos quais, por óbvio, dependendo do caso, pastores ou padres conversam com ouvintes, dando uma espécie de aconselhamento espiritual. Há também dose significativa de incitação a doações para as respectivas igrejas e de publicidade de produtos e serviços a elas relacionados. Seu correspondente estadunidense, sem diferir muito na finalidade, apresenta parcela maior de programas de opinião, em geral associados ao conservadorismo político e social.

Serviço

O que, no Brasil, se conhece como uma rádio de serviços enquadra-se no formato *all-talk*. Aqui se trata, de modo mais específico, de uma emissora jornalística voltada integralmente ao gênero utilitário, possuindo, na definição de Tyciane Cronemberger Viana Vaz (In: Melo; Assis, 2010, p. 138), "um papel orientador, que busca ajudar o cidadão em suas escolhas e atividades do cotidiano". Portanto, além das informações sobre aeroportos, hora, mercado financeiro, pagamento de impostos, previsão do tempo, recebimento de aposentadorias e pensões, roteiro cultural, temperatura, trânsito etc., há uma constante intermediação da rádio e de seus comunicadores na resolução de problemas da população. Por telefone, no estúdio, junto a repórteres ou por qualquer outro meio disponível, o ouvinte narra determinada situação e, constatada a veracidade do relato, a emissora contata os órgãos públicos responsáveis, que, assim, são instados a se manifestar a respeito.

A programação

É o conjunto organizado dos conteúdos veiculados por uma emissora de rádio, sejam estes jornalísticos, de entretenimento, de serviços, publicitários e/ou musicais, produzidos conforme o formato adotado pela emissora. Tem, em geral, embora não de modo obrigatório, o programa como unidade básica. Algumas estações, no entanto, por necessidades econômico-financeiras e mesmo de mercado, transmitem conteúdos sem que estes apareçam divididos em programas. É o caso de algumas que adotam formatos musicais e se limitam a blocos de canções e, às vezes, à identificação destas por um locutor. Josep Maria Martí Martí (In: Martínez-Costa; Moreno Moreno, 2004, p. 21) qualifica a programação como uma espécie de forma de o emissor dialogar, em rádio, com o receptor: uma arte do encontro entre o que se transmite e os públicos aos quais essas transmissões se destinam.

Tipos de programação
No Brasil, podem ser encontrados três tipos básicos de programação radiofônica: (1) *linear*, a mais frequente nas grandes emissoras do país; (2) *em mosaico*, usual em pequenas estações de formato eclético e localizadas em cidades de menor porte; e (3) *em fluxo*, geralmente associada a emissoras musicais.

Programação linear
Programação com conteúdos mais homogêneos, que seguem um formato claro e definido. Embora as partes se diferenciem um pouco entre si, há uma harmonia entre elas.

Programação em mosaico
Engloba um conjunto de conteúdos extremamente variados e diferenciados. Comum em emissoras de mercados menos desenvolvidos do ponto de vista econômico, representa a adesão a uma forma mais eclética de fazer rádio, segmentando, na prática, por horários.

Programação em fluxo
Tipo de programação estruturada em uma emissão constante em que se toma todo o conjunto como uma espécie de grande programa dividido em faixas bem definidas.

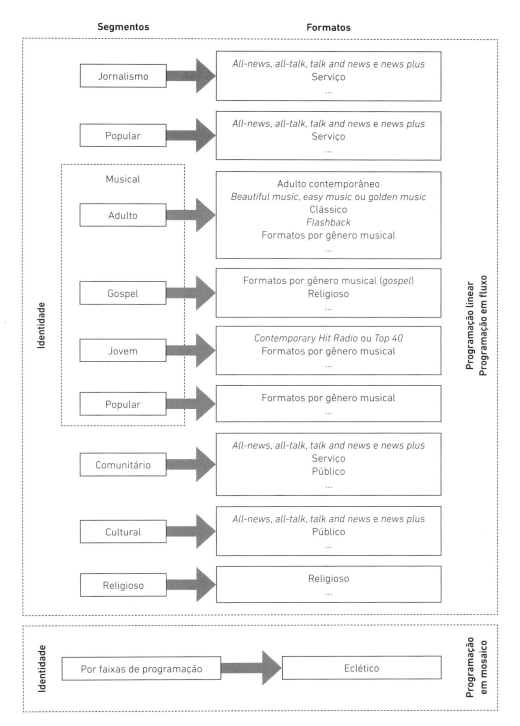

Figura 15 – Relação entre tipos de segmento, formato e programação

As mudanças de uma para outra são calcadas na troca do âncora ou do comunicador do horário. É comum em emissoras de formato semelhante ao *all-news* dos Estados Unidos ou do segmento musical. Rádios que operam totalmente gravadas e informatizadas, com sequências de canções associadas ou não a locutores que identificam o conteúdo veiculado, constituem-se em sua forma menos elaborada.

Algumas relações possíveis entre os tipos de segmento, de formato e de programação aparecem na Figura 15.

O conteúdo em si

Usualmente, o programa é a forma mais comum de divisão do conteúdo da programação. Gravado, ao vivo ou combinando essas duas possibilidades de transmissão, o programa de rádio constitui-se em um todo coeso e independente dentro do conjunto das emissões ou, no dizer de Alvaro Bufarah Júnior (Enciclopédia Intercom de Comunicação, v. 1, 2010, p. 963): "Módulo ou unidade básica da programação radiofônica, embora esta possa conter conteúdos não organizados desta forma (por exemplo, no caso de uma emissão musical contínua)". Nessa linha de raciocínio, conteúdos como comentários, entrevistas, quadros específicos e reportagens são considerados como parte integrante dos programas ou, quando tomados isoladamente em função das necessidades comerciais das estações de rádio, como programetes, emissões em geral não superiores a cinco minutos de duração, mas de características próprias. Independentemente do tipo de conteúdo, da duração ou de sua forma, podem ainda se apresentar, na internet, como *podcasts*.

Tipos de programa

Noticiário
Aquele em que predomina a difusão de notícias na forma de textos e/ou reportagens. Subdivide-se em:

- Síntese noticiosa: como diz o nome, pretende sintetizar os principais fatos ocorridos desde a sua última transmissão. É um informativo no qual o texto curto e direto predomina em uma edição privilegiando a similaridade de assuntos. Sua duração varia entre cinco e dez minutos.

- Radiojornal: corresponde a uma versão radiofônica dos periódicos impressos, reunindo várias formas jornalísticas (boletins, comentários, editoriais, seções fixas – meteorologia, trânsito, mercado financeiro... – e até mesmo entrevistas). Devido à redução dos espaços destinados às notas lidas por locutor(es) nesse tipo de conteúdo radiofônico, algumas emissoras brasileiras passaram a adotar a denominação programa de reportagem em lugar de radiojornal. Desta última, os canais mantêm a participação frequente do repórter com o âncora, graças às facilidades oferecidas pela internet, selecionando e contando os fatos aos ouvintes de forma coloquial.
- Edição extra: nas emissoras dedicadas ao jornalismo, a importância da notícia rege todo o trabalho realizado. Se o fato é extremamente significativo para o público, sua divulgação obriga à interrupção de qualquer programa. Entra em cena a edição extra, um mini-informativo marcado por uma trilha forte, irrompendo em meio à programação e noticiando um acontecimento cuja divulgação não pode esperar o próximo noticiário da emissora. Desde a década de 1990, no entanto, seu uso tem diminuído, optando-se pela apresentação da informação pelo próprio comunicador do horário. Edições extras ficaram, assim, restritas a interrupções ao vivo em meio à programação gravada, feitas por jornalistas de plantão em casos de importância extrema.
- Toque informativo: espaço informativo típico das emissoras musicais, apresenta uma ou duas notícias e é transmitido, em geral, nas horas cheias. Permite, dependendo da rádio, que o comunicador não se atenha somente ao texto, mas improvise em cima deste.
- Informativo especializado: pode adotar a forma de uma síntese noticiosa ou de um radiojornal, diferenciando-se destes pela especificidade dos assuntos tratados. O informativo especializado concentra-se em uma área de cobertura determinada. São exemplos os noticiários esportivos, por vezes conhecidos como resenhas esportivas.

Programa de entrevista
Representa parcela significativa da programação das emissoras dedicadas ao jornalismo. Nele, é fundamental a figura do apresentador que conduz as entrevistas,

chama repórteres e, quando necessário, emite opiniões. No entanto, a interpelação de protagonistas dos fatos ou de analistas ocupa a maior parte da emissão.

Programa de opinião

O lado opinativo do apresentador predomina, tornando-se a atração principal, secundada por comentaristas e até mesmo repórteres. Constitui-se por si só em uma visão quase pessoal da realidade, cujo sucesso está vinculado às polêmicas geradas pelo condutor do programa.

Programa de participação do ouvinte

Baseia-se na opinião dos ouvintes, instados por um apresentador a debater determinados assuntos, dos grandes temas do noticiário a questões comportamentais do cotidiano.

Mesa-redonda

A opinião de convidados ou participantes (fixos ou não) constitui a base da mesa-redonda, tipo tradicional de programa radiofônico que procura aprofundar temas de atualidade, interpretando-os. Pode ser de dois tipos:

- Painel: cada integrante da mesa expõe suas opiniões, que vão se complementando. Mesmo que haja divergência de posicionamentos, o objetivo principal é fornecer um quadro completo a respeito do assunto enfocado.
- Debate: nesse caso, a produção do programa busca pessoas com pontos de vista conflitantes, colocando-as frente a frente, objetivando proporcionar o confronto de opiniões.

Jornada esportiva

Irradiação baseada na descrição contínua e pormenorizada de um acontecimento esportivo. No caso brasileiro, o mais comum e frequente é a transmissão de jogos de futebol.

Documentário

Pouco utilizado no Brasil, o documentário radiofônico aborda um determinado tema em profundidade. Baseia-se em uma pesquisa de dados e arquivos sonoros, reconstituindo ou analisando um fato importante. Inclui ainda recursos de sonoplastia, envolvendo montagens e a elaboração de um roteiro prévio.

Radiorrevista ou programa de variedades
Na realidade, reúne aspectos informativos e de entretenimento. Nas emissoras do segmento de jornalismo, pode aparecer na forma de espaços voltados à cultura e ao lazer, intercalados, algumas vezes, com orientações nas áreas de medicina ou de direito. Nas do segmento popular, engloba da prestação de serviços à execução de músicas, passando por temas diversificados como notícias policiais, horóscopo ou entrevistas com atores e atrizes de telenovelas.

Programa humorístico
O programa humorístico teve sua era de ouro nas décadas de 1930, 1940 e 1950, quando, em torno de um roteiro marcado por um cuidadoso trabalho de sonoplastia, os comediantes do rádio arrancavam gargalhadas das plateias nos auditórios das emissoras e nas casas dos ouvintes espalhados pelo país. Desde os anos 1990, o humor retornou ao rádio musical jovem. Na maioria desses casos, mais do que a piada ou o esquete preparado com antecedência, predomina o improviso calcado no deboche, no raciocínio rápido e em piadas.

Dramatização
A exemplo do programa humorístico, a ficção teatralizada viveu seus tempos áureos no passado. Desde os anos 1970, a produção brasileira nessa área é muito reduzida, vinculando-se a interesses publicitários específicos. As dramatizações podem ser de três tipos:

- Unitária: peça radiofônica, cujo enredo se esgota em um único programa.
- Seriada: tipo de dramatização periódica em que, embora os personagens principais sejam os mesmos de um programa para o outro, a estória tem início, meio e fim em cada edição.
- Novelada: o enredo desenvolve-se ao longo de vários capítulos em uma narrativa, portanto, encadeada. Cada edição da dramatização novelada contribui com uma parte da trama, que pode se desenrolar por vários meses.

Programa de auditório

Nos tempos do rádio-espetáculo, o programa de auditório centrava-se em um apresentador comandando números musicais e humorísticos. Havia espaços e até mesmo programas exclusivamente dedicados a calouros ou a concursos de perguntas e respostas. A partir de segmentação, eventualmente, o auditório retorna na apresentação de programas jornalísticos ou jovens fora do estúdio e com participação do público presente.

Programa musical

Pelo lado do entretenimento, a música preencheu o espaço deixado pelos programas de auditório e humorísticos e pelas dramatizações que saíram gradativamente de cena depois de 1950, com o surgimento da televisão. Em muitas emissoras musicais que adotam a programação em fluxo, o programa em si deixa de existir, ocorrendo, na maioria das vezes, apenas a passagem da faixa ocupada por um comunicador para a de outro.

Com base no exposto, a Figura 16 procura resumir os elementos apresentados ao longo deste capítulo:

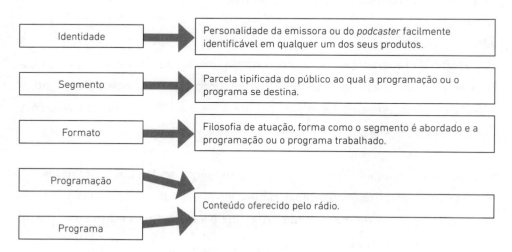

Figura 16 – Quadro conceitual

Recomendações gerais

1. Ao definir como segmento uma parcela de público já atingida por emissoras concorrentes e como formato um modelo semelhante ao delas, deve-se, obrigatoriamente, oferecer diferenciais aos ouvintes. Isso será possível apenas se a proposta de identidade for diversa das demais. Caso contrário, a possibilidade de obtenção de audiência significativa tende a se reduzir bastante. Talvez, inclusive, fique condicionada à contratação de profissionais das concorrentes.
2. Pesquisas de opinião constituem-se em um recurso importante, mas seus resultados não devem ser tomados de modo absoluto. Inovações, por vezes, podem não se enquadrar em instrumentos de pesquisa, em especial os exclusivamente quantitativos. Um pouco de intuição associada ao bom senso ajuda bastante na busca de segmentos não explorados e na oferta de formatos diferenciados. A respeito da conciliação entre esses fatores, vale a observação de Josep Maria Martí Martí (2004, p. 44):

> A concepção e a execução da programação radiofônica são atividades que movem entre a arte e a técnica. Como técnico, faz-se necessário dispor de informação e trabalhar a fundo com dados pormenorizados sobre o mercado da emissora antes de tomar decisões. Como arte, a programação revela a capacidade de criar não só programas novos, mas também de desenhar uma estrutura que sirva aos propósitos da estação ou rede de estações e cujo objetivo final é sempre o de captar audiência.

Saber dosar arrojo e cautela faz parte, portanto, dessa arte citada por Martí Martí.

3. No caso do rádio comercial, todo segmento ou formato novo esbarra na necessidade de convencer anunciantes e ouvintes. Um bom caminho para atrair a atenção é a divulgação e realização de promoções adequadas à identidade em construção, indo além do próprio meio rádio e chamando a atenção do público para a emissora.
4. Com programas ou programações já existentes, o gestor tem dois caminhos: (1) o da mudança gradual e (2) o da transformação total e abrupta. A primeira opção objetiva manter ouvintes já conquistados, nela se enquadrando modificações mais sutis, que aprimoram o formato da emissora ou de uma atração

sem trocá-los por novos. No segundo caso, há uma mudança de orientação geral que se volta, inclusive, à captação de uma nova audiência.
5. Mudanças gradativas objetivam testar os anseios, interesses, necessidades e/ou objetivos do público e podem, por esse motivo, iniciar em um programa ou faixa horária específicos, e, em caso de resultados positivos, aos poucos se alastrar pelo restante da programação.
6. Ao formatar uma programação, não se deve deixar de considerar períodos de irradiação como a noite e a madrugada de segunda a sexta-feira, além dos finais de semana como um todo. O conjunto deve representar harmonicamente a identidade da rádio. O mesmo vale para feriados e datas importantes dos calendários comercial, cultural, esportivo, histórico e religioso (Páscoa, Dia das Mães, Dia dos Namorados, Dia dos Pais, Dia das Crianças, Sete de Setembro, Finados, Natal, campeonatos e outros certames, feiras, festas populares...), para os quais podem ser preparados conteúdos diferenciados para veiculação e, por óbvio, comercialização.
7. Na formatação de um programa ou de uma programação, é necessário considerar uma série de particularidades: o caráter de companheiro atribuído ao rádio, o diálogo imaginário emissor-receptor, a integração à internet, a participação dos ouvintes, a caracterização do meio como predominantemente local ou regional etc.
8. A escolha de comunicadores está condicionada à personalidade desenvolvida por eles ao microfone em relação à identidade pretendida para o programa ou a programação. Essa definição passa ainda por saber se a postura necessária ao comunicador se enquadra como: (1) *discreta*, de baixa interferência; (2) *de especialista*, aquele que explica e posiciona com propriedade as informações; e (3) *personalista*, o qual não só expõe com clareza seus pontos de vista, mas chega, não raro, a explicitar uma espécie de *persona* radiofônica (McLeish, 2001, p. 138-39).

4. A apresentação e a locução

Embora não seja o único, a fala constitui-se no principal instrumento da comunicação radiofônica. Quem lê uma notícia ou apresenta um programa depende em grande parte do uso que faz da sua capacidade vocal. Foi-se o tempo dos vozeirões no rádio, mas segue sendo indispensável ter consciência de que, como todos os aspectos de uma atividade profissional, falar ao microfone exige uma técnica apurada em que se mesclam diversos elementos expressivos.

A forma como se fala atribui significado ao texto. Uma mesma frase pode expressar algo do ponto de vista do conteúdo das suas palavras em si ou, por exemplo, com um acento irônico, referir-se justamente ao contrário. As sutilezas e nuanças vocais imprimem, assim, a um mesmo discurso significados diversos. Ernesto Figueredo Escobar e Mayda López Hernández (1989, f. 38) acentuam essa possibilidade:

> O elemento diferencial semântico dentro da palavra é precisamente o fonema, que determina o significado das palavras e tem, portanto, uma importância determinada na comunicação, mas no contexto comunicativo, em que os interlocutores estão imersos na compreensão do sentido das palavras e orações, o elemento expressivo não é menos importante. A realização melódica, a intensidade da voz, o caráter da pronúncia, o colorido emocional determinam diferenças semânticas de um grau maior de sutileza.

Pode-se acrescentar ainda a correta pontuação do que se diz. O senso comum consagra o velho exemplo da frase "Culpado não, inocente", que tem seu sentido completamente alterado pela mudança de posição da vírgula: "Culpado, não inocente".

É importante, então, marcar uma diferença: voz é som emitido a partir da laringe humana. Falar engloba um processo mais elaborado em que se faz necessária uma articulação de sons – os fonemas –, cuja emissão forma as palavras. A fala constitui-se, portanto, em apenas uma das expressões da voz, assim como o choro, o grito e o riso.

Produção da voz

A produção da voz ocorre na laringe, onde estão as chamadas cordas vocais[8], pregas de mucosa com musculatura situadas em posição perpendicular ao pescoço do indivíduo. Quando o ar é inspirado e entra nos pulmões, elas se afastam. Ao falar, o ser humano provoca a saída do ar dos seus pulmões, fazendo que as pregas vocais se distanciem, vibrando. A faringe, a boca e o nariz atuam como cavidades de ressonância, amplificando o som gerado na laringe. A articulação dos sons ocorre pela movimentação da língua, dos lábios, da mandíbula e do palato, responsáveis pela alteração coordenada do fluxo de ar proveniente dos pulmões e pela projeção do som. Pode-se dividir, então, o processo de emissão da voz em quatro fases:

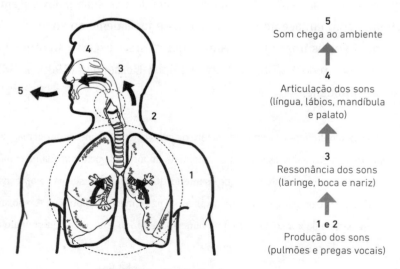

Figura 17 – Produção da voz

---

8. A denominação correta é pregas vocais, segundo especialistas em fonoaudiologia (Behlau; Pontes, 1993, p. 3).

Cada indivíduo possui uma voz pessoal, com formas particulares de articulação que, mesmo dentro de padrões comuns à maioria dos seres humanos, diferenciam-no dos demais. Regina Maria Freire Soares e Léslie Piccolotto (1991, p. 46) apontam três tipos de fatores como determinantes no processo de formação da voz: (1) *físicos*: boa parte deles é transmitida por herança genética, como a conformação orgânica utilizada para a emissão da voz, embora problemas acarretados por doenças possam alterar essa estrutura, modificando assim a qualidade vocal; (2) *psicoemocionais*: a voz reflete o estado emocional do indivíduo – ansiedade, excitação, insegurança, medo...; e (3) *culturais*: o grupo social em que uma pessoa vive e as normas às quais ela está sujeita influenciam na forma como a voz é utilizada.

Portanto, é necessário marcar bem que cada indivíduo possui a sua voz, e, por meio de treinamento e experiência, poderá transformá-la em um eficiente instrumento de comunicação. A respeito de como se obtém um bom padrão de fala, convém lembrar as recomendações da jornalista Yolanda Fernandes (*apud* Bittencourt, 1989, p. 21):

> Em primeiro lugar, é preciso querer. Quando a pessoa quer, tenta aprimorar a voz e melhorar a fala. De qualquer forma, a pontuação tem sido uma das maiores dificuldades. Pontuar errado altera a entonação e, automaticamente, a frase pode perder o sentido. Outro problema frequente é quanto à expressividade. É nesse atributo da voz que se vai transmitir toda uma carga de sentimento que está intrínseco no texto.

Conhecendo seus limites, o profissional de rádio pode desenvolver todo o potencial da sua voz. Dependendo do que julgue ser necessário, pode inclusive buscar auxílio especializado – o de um fonoaudiólogo, por exemplo.

O uso da voz no rádio

María Cristina Romo Gil (1994, p. 50) considera a voz "o elemento radiofônico por excelência". Todos os outros componentes da mensagem transmitida por uma emissora de rádio – a música, os efeitos sonoros e o silêncio – , quando utilizados em paralelo a ela, existem para ressaltar e valorizar o que é dito. O próprio texto produzido na emissora orienta-se para a voz. É elaborado visando ser lido, destacando a expressividade do seu conteúdo:

> Na leitura de um texto jornalístico é preciso ser expressivo, sem ser emotivo. No momento em que se é emotivo, passa-se o interior, e automaticamente acrescenta-se alguma coisa ao texto, o que não é função do jornalista. O importante é apenas dizer o fato, mas é possível usar de certa expressividade para ganhar a credibilidade do ouvinte. (Bittencourt, 1989, p. 21)

Portanto, no caso específico da emissão de palavras, falar implica, por óbvio, certo nível de interpretação do que está sendo comunicado. A mensagem a respeito de uma conquista no campo do esporte, por exemplo, exige da voz daquele que a transmite determinado grau de emoção ao passar a ideia da vitória; já ao anúncio do falecimento de uma pessoa corresponderá uma fala com um adequado nível de sobriedade e mesmo de pesar.

De quem usa a voz ao microfone, as emissoras exigem hoje muito mais uma clareza expressiva do que o vozeirão dos anos do rádio voltado ao espetáculo, como explica Ruy Jobim (*apud* Morais, 1996, p. 10): "O importante é a comunicação, e não tanto a voz. Para ser um bom locutor é preciso ter comunicação fácil, simples e imediata. Antigamente, ou a pessoa nascia com a voz, ou nada feito". Também não existe um padrão genérico no rádio como um todo, ao qual o profissional tem de se adaptar. O que ocorre é uma adequação ao estilo e ao público da emissora. Por exemplo, se o radiojornalismo exige certa sobriedade, uma estação voltada à música jovem vai empregar vozes que externem descontração.

O locutor[9]

Etmologicamente, a palavra locutor vem do latim *locutore*, significando "aquele que fala" (Ferreira, 1993, p. 849). No entanto, mais do que falar, é necessário ex-

---

9. Não se confunda, aqui, essa divisão é puramente baseada no cotidiano das emissoras de rádio – o *locutor*, mais preso ao texto escrito, a se diferenciar do *apresentador*, livre dessa amarra – do que define a respeito a legislação referente à profissão de radialista. Conforme o quadro anexo ao decreto n. 84.134, de 30 de outubro de 1979 (*apud* Santos, 1998, p. 131), são sete as funções em que se desdobram as atividades de radialista em termos de locução: (1) *locutor-anunciador*, que "faz leitura de textos comerciais ou não nos intervalos da programação, anuncia sequência da programação, informações diversas e necessárias à conversão e sequência da programação"; (2) *locutor-apresentador-animador*, que "apresenta e anuncia programas de rádio ou televisão realizando entrevistas e promovendo jogos, brincadeiras, competições e

pressar um significado. Como já foi referido, a mesma frase pode adquirir conotações diversas quando dita em contextos diferentes.

Jorge Valdés (1988, p. 104-6) elenca oito requisitos essenciais para que o profissional seja considerado um bom locutor. Ele deve (1) entender o que está escrito, tendo um razoável domínio sobre os temas tratados no noticiário. Ao compreender a abrangência do assunto, pode então (2) interpretar o texto e (3) transferir a informação ao ouvinte. Essa transmissão de conteúdo implica saber (4) medir o teor da locução. Cada palavra tem um realce próprio. O profissional de microfone precisa saber (5) matizar o que é dito. Assim, conforme o caso, dá força à expressão, muda o tom ou faz pausas. A voz constitui-se em um instrumento de trabalho que precisa ser utilizado sem exageros. No entanto, (6) ser natural não significa deixar de lado a necessidade de (7) convencer o ouvinte. A arte está em saber inserir o poder de convencimento com naturalidade na fala. Por último, Valdés salienta a necessidade de (8) concluir bem a leitura, sem depreciar os últimos detalhes do texto.

O apresentador

Se o locutor tem a leitura como base do seu trabalho, o apresentador fundamenta a sua atividade em uma espécie de *improviso estruturado*, embora essa expressão pareça contraditória. Cada vocábulo dito por ele não corresponde necessariamente a uma palavra previamente escrita – daí o *improviso* –, mas a condução do programa orienta-se por um roteiro ou espelho elaborado antes da transmissão – de onde se explica o *estruturado*. Uma boa definição desse tipo de profissional é apresentada por Luciano Klöckner (1997, p. 77): "É o profissional que comanda, no ar, o programa de rádio. O apresentador é quem dá unidade e personalidade à programação, é o elo entre a rádio e o ouvinte, criando o contexto para cada assunto, tornando a notícia mais acessível".

---

perguntas peculiares ao estúdio ou auditório de rádio ou televisão"; (3) *locutor-comentarista esportivo*, que "comenta os eventos esportivos em rádio ou televisão, em todos os seus aspectos técnicos e esportivos"; (4) *locutor esportivo*, que "narra e eventualmente comenta os eventos esportivos em rádio ou televisão, transmitindo as informações comerciais que lhe forem atribuídas, participa de debates e mesas-redondas"; (5) *locutor noticiarista de rádio*, que "lê programas noticiosos de rádio, cujos textos são previamente preparados pelo setor de redação"; (6) *locutor noticiarista de televisão*, que "lê programas noticiosos de televisão, cujos textos são previamente preparados pelo setor de redação"; e (7) *locutor entrevistador*, que "expõe e narra fatos, realiza entrevistas pertinentes aos fatos narrados".

Com o rádio cada vez mais segmentado, consagrou-se o termo *comunicador*, que engloba, de fato, vários tipos de apresentadores: (1) o *âncora*, no radiojornalismo, que, além da condução de programas, assume a função de editar ou colaborar na edição e, com frequência, interpreta as notícias e opina sobre elas; (2) o *comunicador popular*, caracterizando-se como um companheiro virtual do seu público, constituído pela população mais carente; e (3) o *disc-jóquei* ou *DJ*, nas emissoras dedicadas à música, em especial jovem, conversando com o ouvinte, rodando canções e comandando ao microfone um processo de alta estimulação.

Recomendações gerais

1. Sempre que possível, o locutor deve ler os textos antes de ir para o ar. Assim, poderá, por exemplo, verificar a pronúncia correta de palavras não tão usuais ou estrangeiras. O apresentador adota prática semelhante, consultando o produtor do seu programa.
2. Quem fala no rádio precisa postar-se de modo adequado. Sentar corretamente facilita a respiração e, por consequência, o uso da voz. A distância entre o microfone e o locutor ou apresentador não deve ser superior a 20 cm ou inferior a 10 cm (o ideal corresponde a algo como um palmo).
3. Fale com uma intensidade adequada, nem alto nem baixo. O mesmo vale para a velocidade de emissão de voz, que deve se adaptar à necessidade. O narrador de futebol, por exemplo, corre mais do que o locutor comercial. O noticiarista fica em um meio-termo, mas, se o texto for manchetado e, portanto, lido a duas ou três vozes, chega a quase conversar com o público. Alternando a intensidade e a velocidade, o ritmo da emissão vocal será, por sua vez, mais agradável.
4. Durante programas ao vivo, o apresentador deve atentar para a forma de indicação da hora certa. Observe as formas mais adequadas, que aparecem nos Quadros 5 e 6.
5. Ao falar no dia a dia, o indivíduo gesticula. A naturalidade ao microfone impõe a utilização também de gestos, essenciais à expressão oral, desde que sem exageros.
6. Uma série de atitudes pode prejudicar o uso da voz. Entre outros problemas, o fumo causa irritação nas pregas vocais, pigarro, tosse e aumento de secre-

Prefira	E não
Uma hora e 35 minutos	Faltam 25 minutos para as duas da tarde
Uma e 35	

Quadro 5 – Da hora cheia aos 35 minutos

Prefira	E não
24 minutos para as duas horas	
24 minutos para as duas da tarde	
24 para as duas	Faltam 24 minutos para as duas da tarde
Uma hora e 36 minutos	
Uma e 36	

Quadro 6 – Dos 35 minutos até a próxima hora cheia

ções. Hábitos como pigarrear para limpar a garganta, embora produzam uma sensação momentânea de alívio, pioram as condições da laringe ao atritar as pregas vocais. O mais adequado é inspirar profundamente e, em seguida, engolir algo, retirando o excesso de secreção nas mucosas. E, antes de usar profissionalmente a voz, também não é recomendada a ingestão de alimentos muito frios ou quentes. Locutores ou apresentadores resfriados ou com irritações na garganta devem evitar o trabalho ao microfone até estarem plenamente recuperados.

7. Quando estiver ao microfone, evite provocar ruídos desagradáveis, como o de folhas de papel roçando umas nas outras ou os provocados por pulseiras.
8. Ao ler, faça as pausas necessárias. Aproveite para recuperar parte do fôlego em cada uma delas. Lembre-se de que o ouvinte não deve sentir conscientemente essas leves paradas na locução. As pausas servem à expressividade do texto e não à sua interrupção.
9. O apresentador deve procurar estabelecer uma espécie de conversa com o público, criando a empatia necessária à comunicação.
10. O profissional evita distorções de pronúncia comuns entre os leigos, como as listadas no Quadro 7:

Ao utilizar	Pronuncie	E não
ídolo	/ídolo/	/ídulu/
mesmo	/mesmo/	/mesmu/
luz e força	/lúz e forsa/	/lúzi forsa/

Quadro 7 – Distorções na pronúncia da letra O e de palavras em sequência

11. Pela mesma razão, procure não omitir as letras R e S finais, além do I intermediário, hábito comum no Brasil. Por exemplo:

Ao utilizar	Pronuncie	E não
primeiro	/primeiro/	/primero/
terceiro	/terceiro/	/tercero/
precisar	/precisar/	/precisá/
trazer	/trazer/	/trazê/

Quadro 8 – Omissão na pronúncia das letras R, S e I

12. A locução comercial obriga a uma expressividade diferente daquela exigida pelo texto jornalístico. O anúncio objetiva vender um produto ou serviço, enquanto a notícia conta um fato, descreve uma opinião ou informa sobre um serviço.

5. A notícia e os gêneros jornalísticos

O que torna uma situação cotidiana objeto de interesse jornalístico no rádio não difere, em sua essência, do verificado nos demais meios de comunicação. Esta espécie de "matéria-prima do jornalismo", frase utilizada por vários autores – por exemplo, Luiz Amaral (2008, p. 39) e Mário Erbolato (1991, p. 49) –, a notícia é definida por Carlos Alberto Rabaça e Gustavo Guimarães Barbosa (2001, p. 513) como um "relato de fatos ou acontecimentos atuais, de interesse e importância". Já o estadunidense Fraser Bond (1962, p. 91) salienta que "a notícia não é um acontecimento, ainda que assombroso, mas a narração desse acontecimento". Há, portanto, um nível de transformação do fato em notícia, ou seja, o profissional, com base em determinados critérios, torna o acontecimento uma mensagem jornalística.

Na produção de notícias, como seus colegas de outros meios, o jornalista de rádio defronta-se com uma variedade de situações que, em sua origem e processamento, diferem, em grande parte, uns dos outros. A respeito, Rabaça e Barbosa (2001, p. 513-14) observam:

> Os manuais de jornalismo propõem diversas classificações para as notícias: *previstas* ou *imprevistas* (um fato anteriormente anunciado ou um fato inesperado); *espontâneas* ou *provocadas* (um fato que ocorre independentemente do esforço jornalístico ou um resultado de um levantamento, de uma reportagem [...]; *locais*, *estaduais*, *nacionais* ou *internacionais* (quanto à procedência); etc.

Portanto, na produção de conteúdo jornalístico em uma emissora, o profissional defronta-se: (1) com o que é passível de agendamento prévio – por exemplo, a chegada à cidade de um político de destaque ou a cobertura de uma competição esportiva – ou não –, um atentado terrorista, um incêndio de grandes proporções, um motim no sistema penitenciário...; (2) com o que ocorre por si mesmo de modo previsto ou imprevisto ou com o que depende de um esforço jornalístico ou de certo senso de oportunidade profissional – uma denúncia de corrupção com base em uma reportagem de cunho mais investigativo ou mesmo uma criativa pauta de conteúdo humano; (3) com os fatos geograficamente próximos ou distantes, considerando que, em tese – pelo alcance da rádio e por esta ser cabeça, integrante de rede ou estação independente –, o que é local tende a interessar mais aos ouvintes.

Como se observa nas citações anteriores, apesar de o jargão profissional relacionar, basicamente, a notícia a um fato, também opiniões e serviços são objeto de interesse do público, passando por um processo de seleção idêntico. Nesse processo, admite-se, abstraindo-se distorções sensacionalistas, que o inusitado se constitui em um componente importante. No entanto, essa anormalidade, diferença ou destaque constitui-se apenas na base da compreensão do que é notícia. Para determinar a abrangência de um fato, opinião ou serviço, um jornalista analisa, de modo geral, se este possui: (1) *atualidade*: se é o mais recente possível em relação ao momento de sua transmissão ao público; (2) *proximidade*: se ocorre o mais próximo possível do público; (3) *proeminência*: se envolve pessoas importantes do ponto de vista do quadro de valores dominante entre o público; e (4) *universalidade*: se interessa ao maior número de pessoas possível em relação ao quadro de valores, conhecimentos e necessidades do público[10].

No cotidiano dos meios de comunicação, outros fatores interferem na definição do que é ou não noticiado, como observa Rosemary Bars Mendez (Enciclopédia Intercom de Comunicação, v. 1, 2010, p. 873), com base no exposto por Nilton Lage:

> O processo de seleção [...] leva em conta ainda outros critérios, já que a mídia não divulga apenas acontecimentos impactantes, mas também os curiosos. Na área da comunicação há o jargão de que "se o cachorro morde o homem, não é notícia, mas se o homem morder o cachorro aí é notícia" pela curiosidade e pelo ineditismo.

---

10. Tais atributos resumem uma caracterização mais ampla apresentada por Luiz Amaral (1982, p. 59-63).

A cada momento, na luta contra o relógio, comum à maioria das emissoras que se dedicam ao radiojornalismo, âncoras, chefes de reportagem, editores, pauteiros, produtores, repórteres e redatores analisam o material informativo com base nesses critérios. Levam em conta, ainda, os parâmetros editoriais da empresa e o interesse do público.

Origens da informação jornalística

A informação chega às emissoras de rádio de diversas maneiras. Uma boa estação voltada à cobertura jornalística possui (1) *estruturas próprias de captação de notícias* – âncoras, produtores, repórteres, correspondentes, enviados especiais e escutas –, utiliza um amplo leque de (2) *serviços externos* – agências de notícias, assessorias de imprensa... – e vale-se de (3) *diversas fontes de informação* – especialistas, informantes, ouvintes, protagonistas e testemunhas dos fatos... Além disso, mantém constante monitoramento de (4) *outros veículos noticiosos*, de emissoras concorrentes a *blogs* com relevância, canais de televisão especializados, portais de conteúdo jornalístico, publicações impressas noticiosas, redes sociais etc.

Cabe observar que, no cotidiano do bom profissional, devem estar presentes sempre o bom senso, a desconfiança e a checagem contínua em relação a acontecimentos, opiniões e serviços. Apesar de, no imaginário coletivo, ser forte a noção do *furo* – a notícia divulgada em primeira mão por um profissional ou veículo –, é melhor informar depois e com correção do que antes, afoitamente e com imprecisões. Por óbvio, deve-se ter em mente que toda informação jornalística produzida por estruturas externas está, em termos de qualidade, menos sujeita ao controle por parte da emissora e de seus profissionais. Agências de notícias refletem, historicamente, pontos de vista de seus locais de origem. Produtoras de conteúdo radiofônico podem estar condicionadas pelas parcerias comercias por elas desenvolvidas. Assessorias de imprensa, por mais jornalístico que seja o trabalho realizado, defendem, também, a imagem de seus clientes. Há a possibilidade de que especialistas, protagonistas e testemunhas estejam tão envolvidos com um fato que suas informações careçam do necessário distanciamento crítico. Informantes tendem a repassar notícias caracterizadas por significativo grau de interesse próprio. Ouvintes equivocam-se, o que também pode ocorrer com outros veículos de comunicação.

Estruturas próprias de captação de notícias	**No palco de ação do fato** Repórteres Correspondentes Enviados especiais **No estúdio ou na redação** Âncoras Produtores Escutas
Serviços externos	Agências de notícias Assessorias de imprensa Agências radiofônicas
Fontes de informação	Especialistas Informantes Ouvintes Protagonistas Testemunhas
Outros veículos noticiosos	*Blogs* com relevância Canais de televisão especializados Emissoras concorrentes Portais de conteúdo jornalístico Publicações impressas noticiosas Redes sociais

Quadro 9 – Origens da informação jornalística

Estruturas próprias de captação de notícias

A rigor, não existe jornalismo em rádio sem um quadro de pessoal próprio voltado à apuração de notícias. Na ausência de uma estrutura exclusiva para obtenção de tais informações, o enfoque particular da realidade, condicionado em muito pela relação entre os objetivos da emissora e as necessidades do seu público, fica extremamente prejudicado, perdendo-se qualidade. Isso vale em especial para o noticiário próximo, o da cidade, onde por vezes – em geral, no interior do país – há carência de veículos locais.

Na cidade-sede da emissora, essa estrutura de pessoal geralmente inclui os profissionais que vão estar presentes no palco de ação, dali transmitindo as informações noticiosas – os *repórteres* –, e os que, mesmo sem sair do estúdio ou da redação, apuram, selecionam, processam e/ou colocam no ar esse tipo de conteúdo: *âncoras*, comunicadores especializados na condução de programas jornalísticos, entrevistando fontes, interagindo com repórteres e mesmo interferindo com informação, interpretação e opinião; *produtores*, agendando a participação de convidados, conversando com repórteres, pensando a notícia...; e *escutas*, em geral, estagiários a monitorar outros veículos e, não raro, contatar pessoas na confirmação ou não de notícias.

Há, ainda, os *correspondentes*, que têm por local de atuação uma cidade ou estado diferente daquele em que está localizada a rádio; e os *enviados especiais*, integrantes da equipe deslocados, por um período determinado, para outras localidades, onde a cobertura de acontecimentos de interesse assim o exige. Profissionais mais experientes, correspondentes e enviados especiais têm, na maioria das vezes, liberdade para decidir que assuntos serão enfocados, podendo, também, trabalhar sob a orientação mais direta de um pauteiro ou de um chefe de reportagem.

Serviços externos

Na produção de notícias, emissoras de rádio recorrem a serviços externos gratuitos ou pagos: (1) *agências de notícias*, que fornecem informação jornalística na forma de texto; (2) *assessorias de imprensa*, com relises e sugestões de pauta a respeito de seus clientes; e (3) *agências radiofônicas*, oferecendo material específico – programas, reportagens... – para veiculação no ar. Em todos eles, há diferentes tipos de interesses envolvidos, não necessariamente similares aos da emissora ou dos seus ouvintes.

Até os anos 1990, o principal tipo de serviço externo acessado por uma rádio era o das agências de notícias, nacionais ou do exterior, que complementavam, com o noticiário do país e do mundo, a informação local gerada pela própria emissora. No entanto, o crescimento da TV por assinatura, com seus canais especializados em notícias, e da internet, a fornecer acesso aos mais diversos veículos de comunicação, diminuiu sensivelmente seu uso. Influenciam nesse processo, ainda, as agências radiofônicas, que estabelecem uma parceria com a emissora. Esta última passa a ter o direito de irradiar material gerado pela produtora em troca da veiculação de publicidade embutida na reportagem, programa ou programete disponibilizado.

Embora sem dados a respeito, pode-se dizer que, na atualidade, a pauta de coberturas especiais, programas de entrevista, mesas-redondas e reportagens vem, em grande parte, de sugestões oriundas de assessorias de imprensa (AIs). Reflexo do desenvolvimento da comunicação, as AIs servem de intermediário entre determinado cliente – empresas, entidades sindicais, instituições culturais, organismos governamentais e mesmo indivíduos isoladamente – e, no caso do rádio, as emissoras por meio das quais a informação chega à sociedade.

Fontes de informação

Conforme Rosemary Bars Mendez (Enciclopédia Intercom de Comunicação, v. 1, 2010, p. 565), que se baseia em Nilson Lage, existem três tipos de fontes: (1) *primárias*, (2) *secundárias* e (3) *especializadas*.

> A fonte primária é aquela que está diretamente envolvida no acontecimento e pode relatar o que houve por meio de entrevista, depoimento ou ao fornecer documentos que comprovem a ocorrência. A fonte secundária é aquela que tem informações que ajudam no processo de apuração jornalística, mas seu envolvimento é indireto: ela viu acontecer, sabe como conseguir um documento ou tem uma informação importante que ajuda na verificação dos fatos, por exemplo.
> [...] A fonte especializada é a credenciada, a que detém um conhecimento específico e pode esclarecer um fenômeno científico, como a mudança climática mundial; assim como um profissional técnico que explica com detalhes o funcionamento de um aparelho, um médico ao orientar os procedimentos para se evitar uma doença contagiosa, ou mesmo um advogado ao falar sobre os direitos do consumidor.

No caso de uma emissora segmentada em jornalismo, oscilam por essas caracterizações: (1) os *informantes*, aquelas pessoas conquistadas por um bom repórter como fonte em seu dia a dia e que, de forma espontânea, por vezes, contatam o jornalista para passar informações exclusivas; e (2) os *ouvintes*, os quais, instados pela relação particular desenvolvida entre a emissora e eles, acorrem à rádio para alertar sobre fatos em desenvolvimento. Diretamente enquadrados nas definições de Lage, aparecem, ainda: (3) os *especialistas*, que são ouvidos para contribuir com seus conhecimentos na contextualização da informação; (4) os *protagonistas*, fontes exclusivamente primárias e, portanto, envolvidas diretamente nos acontecimentos; e (5) as *testemunhas*, que, por presenciarem algo ou terem informação a respeito, se qualificam apenas como fontes secundárias. Obviamente, o bom profissional estará ciente dos possíveis graus de erro existentes no que lhe é repassado, das distorções involuntárias aos relatos que encobrem interesses escusos.

Outros veículos noticiosos

No radiojornalismo, a pauta da reportagem, dos programas de entrevista e das mesas-redondas sofre a influência da imprensa escrita, dos noticiários de televisão e dos conteúdos jornalísticos disponibilizados na internet, como *blogs*, portais e redes sociais. Em todos esses casos, a informação só deverá ser transmitida se houver certo grau de certeza em relação à sua veracidade e respeitar os princípios éticos em relação à produção de outros veículos. Além disso, é comum o monitoramento de estações de rádio concorrentes.

Fluxo de produção das notícias

O rádio possui um fluxo particular de trabalho, da captação à transmissão das mensagens noticiosas. Como descrito anteriormente, a informação chega à emissora a partir de diversas origens. Internamente, é retrabalhada em vários níveis. Com base na quantidade de dados à disposição e em conjunto com o chefe de reportagem, o pauteiro define o que será objeto do esforço jornalístico. É, em grande parte, a partir daí que os repórteres e, se houver, os correspondentes e enviados especiais, por vezes, vão atuar. Com a notícia apurada, a equipe de reportagem coloca a mensagem noticiosa direto no ar e/ou repassa os dados a redatores, figuras cada vez mais raras nas emissoras, onde o relato ao microfone vai tomando o lugar da nota lida. As funções ligadas à chefia de reportagem e à elaboração de pautas são, normalmente, exercidas por um único profissional. No fluxo natural da rotina de trabalho, editores e redatores reprocessam também material externo. É usual que chefes de reportagem, pauteiros, repórteres ou escutas chequem as informações que chegam à redação provenientes de ouvintes e informantes ou transmitidas por outros veículos de comunicação. Em geral, especialistas, protagonistas e testemunhas são entrevistados pelos repórteres o mais próximo possível do palco de ação dos fatos, ou contatados posteriormente por produtores e, então, ouvidos por âncoras.

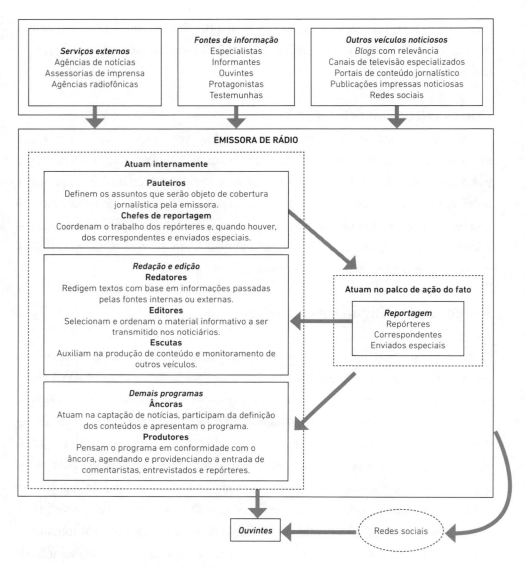

Figura 18 – Fluxo de produção de notícias

Desde meados dos anos 2000, ao fluxo de informações veiculadas pela emissora de rádio, acrescentaram-se outras – de caráter adicional –, transmitidas por redes sociais. Tornou-se usual, especialmente por parte de âncoras, repórteres e comentaristas, a postagem de pequenos textos que reforçam o elo existente com o ouvinte mesmo fora da jornada de trabalho desses jornalistas ou radialistas. Além de textos, chegam a ser veiculados áudios, fotografias e vídeos gerados pelo próprio profissional e/ou repassados por este aos seguidores. Nesses contatos, a regra, como recomenda a editora digital Michelle Raphaelli (2012), da Rádio Gaúcha de Porto Alegre, é seguir os mesmos parâmetros das participações ao microfone, não confundindo exageradamente o que é informação pessoal com o que é informação jornalística.

Os gêneros jornalísticos e o rádio

Adota-se aqui a categorização apresentada por José Marques de Melo (2010, p. 23-41), influenciado por Manuel Carlos Chaparro, que parte da ideia de gênero jornalístico como um conjunto de parâmetros textuais identificados com base nos seus propósitos comunicativos. Nessa linha, observa Lailton Alves da Costa (Enciclopédia Intercom de Comunicação, v. 1, 2010, p. 593):

> Apesar da complexidade que ronda o conceito de gênero jornalístico, o resultado de sua prática é perceptível no dia a dia de todo veículo de comunicação cuja atividade fim é o jornalismo. Basta mirarmos um jornal diário, um site, ou ainda um canal de TV ou emissora de rádio, para notarmos que há textos, imagens e sons que nos transmitem o noticiário, propaganda de várias formas, entre outras variações informativas como horóscopo, dados sobre o tempo, o movimento das bolsas de valores etc.
>
> Em todas estas informações há certos parâmetros textuais (que formam os gêneros) empregados pelo profissional da informação (produtor, repórter, publicitário, entre outros) para relatar acontecimentos, ideias, produtos e serviços cujo resultado deverá ser reconhecido pelo receptor [...].

Desse modo, como registra Marques de Melo (In: Melo; Assis, 2010, p. 23-41), a cultura jornalística brasileira indica a ocorrência no país de cinco gêneros jornalísticos. No rádio[11], cabe observar, adquirem formas específicas, adequando-se às características do meio. Assim, os gêneros informativo, interpretativo, opinativo e utilitário predominam, enquanto o diversional tem presença diminuta e eventual na programação das emissoras do segmento.

---

11. Para um aprofundamento por outro viés, sugere-se a consulta a *Gêneros radiojornalísticos*, de Janine Marques Passini Lucht (In: Melo; Assis, 2010, p. 269-90).

Gênero informativo

Limita-se a narrar o assunto a ser noticiado com o mínimo de detalhes necessários à sua compreensão. Por se adaptar às necessidades de concisão do texto radiofônico, é o gênero preponderante em informativos como as sínteses noticiosas e as edições extras. Aparece também em reportagens, embora estas tendam, pela adição da impressão pessoal do jornalista ou radialista, a invadir o terreno do jornalismo interpretativo. O mesmo acontece com informativos especializados, radiojornais e toques informativos. Conteúdos como a narração esportiva, embora essencialmente descritivos, oscilam entre o informativo – a irradiação momento a momento do que acontece –, o interpretativo – por exemplo, a contextualização daquele evento específico em relação aos demais dentro de uma competição esportiva – e o opinativo – a emissão de juízos de valor a respeito do desempenho de árbitros, atletas, clubes, dirigentes e equipes.

Gênero interpretativo

Representa uma ampliação qualitativa do tratamento dos assuntos a ser repassados ao público. O objetivo é situar o ouvinte em relação à narrativa. Essa contextualização exige uma série de providências na elaboração da notícia, como observa Alberto Dines (*apud* Rabaça; Barbosa, 2001, p. 405):

> Isto só se consegue com o engrandecimento da informação a tal ponto que ela contenha os seguintes elementos: a dimensão comparada, a remissão ao passado, a interligação com outros fatos, a incorporação do fato a uma tendência e sua projeção para o futuro.

O texto manchetado permite o uso de recursos mais interpretativos. Esse gênero ainda está presente em alguns boletins, nos quais o repórter situa o objeto da notícia em um quadro amplo, podendo englobar aspectos sociais, econômicos, históricos e culturais. No entanto, a forma de contextualizar, por exemplo, um acontecimento não se restringe ao noticiário. Participações de âncora e de comentaristas, bem como programas de entrevistas e mesas-redondas, transitam por esse gênero, podendo oscilar entre ele e o opinativo. Já o documentário constitui-se em um tipo de conteúdo essencialmente interpretativo.

Em rádio, recursos de sonoplastia podem também servir à contextualização. O repórter que grava as palavras de ordem gritadas pelos participantes de uma passeata e com elas abre o seu boletim está situando o ouvinte no fato narrado, além de, com mais facilidade, capturar e manter a atenção do público. Faz o mesmo um produtor que, ao ter agendado um debate sobre a questão agrária, seleciona, como cortinas ou fundos musicais, canções relacionadas com o tema.

Gênero opinativo

Engloba um julgamento próprio (pessoal ou da empresa de radiodifusão) a respeito de determinado assunto. Interpretação e opinião incluem, em certa medida, a inter-relação com outros acontecimentos, opiniões e mesmo serviços, mas representam tratamentos bem diversos. Não se confundem, portanto, como observam Rabaça e Barbosa (2001, p. 405): "[...] a interpretação é constituída de elementos adicionais que tornam a informação mais explícita e contextualizada; opinião é o ponto de vista expresso, é o juízo que se faz do assunto". Especificamente em rádio, torna-se essencial, como alertam Heródoto Barbeiro e Paulo Rodolfo de Lima (2003. p. 28-9), ficar clara para o ouvinte a diferença entre o que é notícia e o que é conteúdo opinativo:

> É preciso ajudar o ouvinte a distinguir o que é informação e opinião, ainda que no rádio isto seja mais difícil do que em outros meios de comunicação. Vinhetas e carimbos eletrônicos podem ajudar a distinção, ainda que em última análise não se possa separar informação de opinião. Ainda, assim, pelo menos formalmente é preciso se empenhar para separar opinião de informação.

Em rádio, o gênero opinativo está presente nos comentários, nos editoriais, em algumas intervenções dos âncoras e na participação do ouvinte.

Gênero utilitário

Nessa categoria, incluem-se informações sobre aeroportos, indicadores do mercado financeiro, pagamento de impostos, previsão do tempo, recebimento de aposentadorias e pensões, roteiro cultural, trânsito etc. Dependendo do porte da emissora e/ou da praça em que atua, são veiculados ainda avisos sobre animais perdidos ou veículos roubados, notas – pagas ou gratuitas – sobre falecimentos, pedidos de doação de sangue e recados. Em rádio, pode-se citar também a constante indicação da hora e da temperatura ao longo da programação e, ainda, os programas em que ocorre uma intermediação na resolução de problemas da população. O ouvinte entra em contato, a emissora constata a situação relatada e, no ar, os órgãos públicos responsáveis manifestam-se a respeito.

Gênero diversional

Próximo da literatura, o jornalismo diversional corresponde ao que, décadas atrás, era conhecido como *New Journalism*, ou seja, a tendência à incorporação de técnicas de narrativa ficcional na descrição de fatos reais (Erbolato, 1991, p. 43-44). De fato, é campo pouquíssimo explorado no radiojornalismo brasileiro, não raro parco de recursos humanos e premido sempre pela disputa cotidiana entre o cumprimento de pautas e *deadlines* extremamente apertados. Aparece, de forma assistemática, na abordagem adotada em alguns documentários – estes, aliás, por si também nada frequentes na cada vez mais factual programação das emissoras dedicadas ao jornalismo em grandes centros como Belo Horizonte, Porto Alegre, Rio de Janeiro e São Paulo, nos quais operam as principais estações desse segmento.

No Brasil, onde predomina o rádio comercial, a opção vai ser, por exemplo, pela entrevista ao vivo com foco na personalidade, em detrimento do programa montado, de abordagem com teor mais artístico a descrever de modo documental uma história de vida recorrendo a arquivos de vozes, efeitos sonoros e músicas, tudo amarrado por um texto de elaborada redação. Esta última alternativa implica maior envolvimento de profissionais, existência de equipamentos compatíveis, disponibilidade de tempo para produção e manutenção contínua de acervos de áudio. Em outros países, no entanto, há uma tradição de conteúdos apresentados em uma forma que aproxima jornalismo e arte. É o caso da Alemanha e da Grã-Bretanha (Schacht; Bespalhok, 2004), o que talvez se explique pela tradição de um rádio de gestão pública e não negocial.

6. A redação jornalística

O texto de rádio possui particularidades inerentes à sua definição como meio de comunicação sonoro. Não depende apenas da palavra em si, mas de sua articulação oral, por vezes associada à música, aos efeitos sonoros e/ou ao silêncio. Como consequência, a redação de notícias apresenta características próprias. Dela, são exigidas clareza, concisão e precisão, além de um adequado repertório vocabular, pressupondo uma compreensão a mais imediata possível por parte do ouvinte.

O texto jornalístico em rádio

Pela abrangência, características e diversidade do rádio, o texto jornalístico nesse meio explora ao máximo as possibilidades de se apresentar de forma: (1) *clara*, permitindo a sua fácil assimilação por qualquer integrante da audiência; (2) *precisa*, ao retratar o objeto da notícia com exatidão, mas tendo consciência da impossibilidade de ser totalmente imparcial; e (3) *concisa*, dosando a quantidade de palavras utilizadas, com cada uma delas apresentando significado o mais completo possível para o seu público. Essa aparente simplicidade – a exemplo da exigida de outros discursos informativos – não deve ser confundida com pobreza estilística ou vocabular. A respeito, observam Muniz Sodré e Maria Helena Ferrari (1982, p. 8):

> O discurso informativo, à custa de atingir o maior número possível de pessoas, não precisa, forçosamente, submeter-se à linguagem estereotipada, convencional, tolhida. Pretender um

texto claro e objetivo não significa despi-lo de qualquer atrativo vocabular, nem limitar-lhe o número de palavras, em função de uma receptividade maior. Porque comunicar é um pouco mais que informar e, se a informação consegue situar-se num bom nível de comunicabilidade, atinge mais profundamente o público a que se dirige.

Cabe observar, como fazem os dois autores, que o público retrabalha a informação nesse processo comunicacional. Em rádio, embora alguns conteúdos possam estar disponíveis para escuta no *site* da emissora, a tendência segue sendo a de um ouvinte que recebe uma informação altamente volátil. Na recepção habitual por ondas hertzianas ou mesmo por *streaming* via internet, em realidade, à medida que é transmitida, a notícia deixa de existir, não havendo recurso semelhante à releitura do texto, como, por exemplo, nos meios impressos.

> A redação de um texto informativo não é, portanto, tarefa simples, como se possa pensar. O resultado, sim, precisa ter a simplicidade própria das coisas bem-elaboradas – quanto mais bem-feito, mais despojado e comunicativo. Essa comunicação é, no caso, uma medida, não apenas de extensão, mas também de profundidade. (Sodré; Ferrari, 1982, p. 8)

Em rádio, uma dificuldade adicional reside, ainda, no fato de o texto ser, na definição de Phil Newson (1942, p. 1), "escrito para o ouvido, enquanto o dos jornais é escrito para os olhos". Quando o estudante ou profissional em início de carreira produz suas primeiras notas jornalísticas para o meio, em realidade, adentra um universo expressivo diverso daquele com o qual se acostumara até então. Afinal, todo processo de aprendizagem e de inserção social do ser humano baseia-se na escrita para ser lida de modo privado e não para ser falada ao microfone e escutada pelo público.

A estrutura do texto jornalístico em rádio

O texto radiojornalístico possui características próprias para abertura e desenvolvimento do assunto, objeto da notícia, e no conjunto deve responder às indagações clássicas do jornalismo. Sintético, inicia sempre pelo aspecto mais importante, hierarquizando os detalhes restantes (técnica da pirâmide invertida). Não se trata, portanto, apenas de um equivalente ao lide[12] de um jornal ou revista, como querem alguns que confundem o texto noticioso de rádio, por sua extensão, com a abertura de seus equivalentes da imprensa escrita.

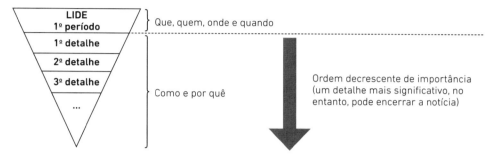

Figura 19 – Estrutura do texto em radiojornalismo

Observe como, no Exemplo 1, se estrutura o lide e são elencados os detalhes a respeito do fato narrado:

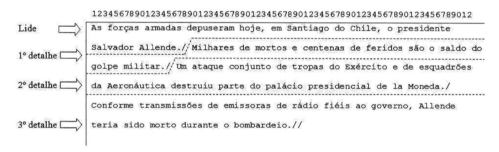

Exemplo 1 – Estrutura do texto em radiojornalismo

No texto do exemplo:

QUEM? – "As forças armadas...".

QUÊ? – "...depuseram [...] o presidente Salvador Allende".

QUANDO? – "...hoje...".

ONDE? – "...em Santiago do Chile".

---

12. "Lide" é a expressão aportuguesada que corresponde à inglesa *lead* – guiar, conduzir, dirigir. É usada para definir a introdução do texto jornalístico, justamente aquele trecho que deverá guiar, conduzir ou dirigir a atenção do leitor.

COMO e POR QUÊ? – "Milhares de mortos e centenas de feridos são o saldo do golpe militar. Um ataque conjunto de tropas do Exército e de esquadrões da Aeronáutica destruiu parte do palácio presidencial de La Moneda. Conforme transmissões de emissoras de rádio fiéis ao governo, Allende teria sido morto durante o bombardeio.".

A regra geral é, portanto, iniciar pelo mais importante, respondendo à fórmula básica do texto jornalístico:

Figura 20 – Fórmula do texto jornalístico

No texto noticioso, por se considerar que a informação em rádio deve ser a mais atual possível, o quando, ao se referir ao momento presente, em geral é suprimido[13]. Ocorre o mesmo com o onde, ao indicar a cidade-sede da emissora.

Luiz Amaral (1986, p. 150), citando o jornalista carioca Clóvis Paiva e referindo-se ao rádio, escreve que "o jornalismo adota a fórmula 3CV: clareza, correção, concisão e vibração" para fisgar e manter a atenção do ouvinte.

Figura 21 – Fórmula do texto radiofônico

Essa fórmula dá bem a dimensão do texto radiofônico, escrito para ser recebido por um público que, com frequência, se dedica a outra atividade enquanto escuta a transmissão. É necessária, portanto, uma redação a chamar e, dentro do possível, concentrar a atenção do ouvinte.

---

13. No Exemplo 1, no entanto, a explicitação do quando – "... hoje..." – serviu para dar mais força à notícia, um recurso usual em várias emissoras.

A redação

Redigir significa expressar, de modo ordenado, ideias na forma escrita. Para o senso comum, há uma tendência a confundir o jornalista com uma espécie de escritor. A propósito, é interessante a diferenciação exposta por Alfredo de Belmont Pessôa (1997, p. 26):

> O jornalista, na verdade, não escreve: o jornalista redige. Quem escreve é o escritor, e entre o texto do escritor e o do jornalista há uma funda distância, que alguns ultrapassam com facilidade e competência, mas que não é necessário ultrapassar [...]. As principais diferenças, que marcam e aprofundam a distância entre o escritor e o jornalista, estão no vocabulário e na construção da frase. Cabem na frase do escritor a magrez de Graciliano Ramos, as enxúndias de Coelho Neto ou o laboratório linguístico de Guimarães Rosa: na do jornalista, não. Seu texto é objetivo, linear, obrigatoriamente claro, acessível a um número ilimitado de leitores: seu vocabulário deve ser comedido, sem que confunda comedimento com pobreza, como é comum.

Essas observações são válidas não só para meios escritos, mas – em maior amplitude – também para o rádio. A simplicidade é a regra básica do texto radiofônico. Redigir exige, para tanto, organização. Embora o texto radiofônico seja relativamente curto, é importante – em especial, para o profissional iniciante – planejar mentalmente como vai iniciar a nota e em que ordem serão expostos os seus detalhes. O jornalista experiente faz isso de forma quase instintiva, mas quem começa na profissão deve ir se adaptando de forma gradativa a esse processo. E, aqui, quando se utilizam palavras como "regras" ou "padrões", tem-se consciência da fugacidade destas em termos eminentemente concretos. Existem, de fato, procedimentos mais usuais, que a experiência indica ser capazes de produzir um texto de mais fácil assimilação pelo ouvinte e cuja forma de apresentação visual para quem irá ler vá ao encontro dessa necessidade.

Recomendações gerais

A atual forma de redigir para rádio é resultado dos erros e acertos de centenas de profissionais ao longo do tempo. De modo genérico, talvez a melhor recomendação seja a de alguns manuais de estilo[14], retirada de um dos diálogos do livro *Alice no país das maravilhas* (Carrol, 1997, p. 27):

> O Coelho Branco colocou os óculos e perguntou: – Com licença de Vossa Majestade, devo começar por onde?
> – Comece pelo começo – disse o Rei com ar muito grave – e continue até chegar ao fim: então pare.

Em rádio, o texto sempre inicia pelo mais importante e desenvolve-se com o máximo de concisão possível. A experiência recomenda ainda:

1. Tenha em mente que está escrevendo um texto para ser ouvido. Redija, portanto, pensando em contar ao ouvinte o que ocorreu.
2. Escreva com simplicidade, lembrando-se sempre de que a linguagem utilizada é um intermediário entre o culto e o coloquial. Assim, não seja excessivamente formal ou erudito, mas também não ignore as normas da língua portuguesa. A respeito, o *Repórter Esso – Rádio – Manual de produção*, elaborado pela agência de publicidade McCann-Erickson (1963, f. 16), já aconselhava os redatores do então principal noticiário brasileiro: "A linguagem, sempre correta, é, entretanto, a da gente comum, são evitadas as palavras pouco usadas, de grafia ou de pronunciação difícil, bem como vocábulos estrangeiros ou estrangeirismos".
3. Nunca utilize duas palavras se você pode usar apenas uma. Além disso, mais do que nos meios impressos, é imperativo no rádio a eliminação de dados supérfluos.
4. A força da informação está no modo como você usa substantivos e verbos e não na utilização desnecessária e condenável de adjetivos.
5. Na dúvida sobre o uso de uma palavra, expressão ou período, leia o texto em voz alta, procurando analisar o seu efeito.
6. Confira sempre a grafia e a pronúncia de nomes próprios complicados.

---

14. No Brasil, por exemplo, aparece no *Manual de estilo Editora Abril* (Maranhão, 1990).

7. Nunca deixe de revisar cuidadosamente o seu texto. Confie em seus conhecimentos e não apenas nos corretores ortográficos (muitas palavras escapam desses *softwares*, ou até mesmo são distorcidas).
8. No caso de textos impressos, ao verificar algum erro, risque toda a palavra e não apenas a letra mal colocada. Então, reescreva o vocábulo corretamente acima do termo rasurado, usando caneta esferográfica azul. Se os erros forem excessivos e houver tempo, faça as correções no computador e reimprima o texto.
9. Entre a regra engessada e o bom senso em termos de clareza para o ouvinte, opte pela segunda opção. Por exemplo, a regra geral é evitar a repetição de palavras de um período para o outro. No entanto, em alguns assuntos, talvez um sinônimo não seja adequado ou mesmo não exista um que apresente o significado exigido pelo fato descrito.
10. A padronização aqui apresentada deve ser tomada como um indicativo baseado no cotidiano das principais emissoras brasileiras. Com certeza, variações serão encontradas conforme a realidade de cada uma destas.

Texto corrido

O texto corrido é o modo de escrever para rádio oriundo da leitura sem preparação especial de notícias de jornais, prática comum nos primeiros anos da radiofonia. Com o tempo, surgiu a necessidade de uma redação adaptada às características do rádio. Lido por um único locutor, constitui-se na forma mais comum de redação no meio: um período segue-se ao outro na composição da informação – boletins de repórteres, comentários e editoriais, além, obviamente, de notas para os diversos tipos de noticiário.

Ao digitar seu texto, o profissional de rádio adota padrões para facilitar a leitura ao microfone, homogeneizar a apresentação do conteúdo e permitir a quantificação do tempo a ser ocupado dentro da programação. Da época em que a redação ocorria em máquinas de escrever, restou uma noção de distribuição na página e contagem de segundos a partir do número de caracteres e de linhas, que, naquele tempo, se concretizava na forma da lauda, um impresso padronizado próprio para a datilografia em rádio. Este possuía, normalmente, 12 linhas em espaço duplo com 65 ou 72 toques cada, correspondendo a aproximadamente um minuto no total. Quando na ausência de *softwares* que indicam o tempo simultaneamente à redação – recurso pouco disponível em emissoras brasileiras –, sugere-se a adoção de um padrão como o da Figura 22:

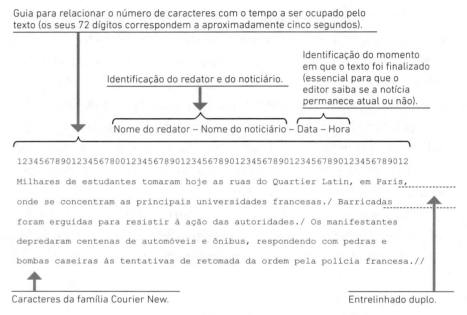

Figura 22 – Modelo para redação de texto corrido

Principais convenções

A maioria das recomendações a seguir vale também para a redação de boletins, comentários e até mesmo roteiros radiofônicos.

Tamanho do texto

Textos de seis a oito linhas de 65 ou 72 toques (caracteres + espaços) com períodos de duas linhas e meia em média. Apenas em casos extremamente importantes o texto poderá atingir ou ultrapassar o limite de 12 linhas (um minuto).

Antes dos processadores de texto, dois padrões de lauda – folha-padrão – eram adotados no Brasil. Ambos consideravam como base 12 linhas. O tamanho de cada linha, no entanto, diferia: 65 (quatro ou cinco segundos cada linha) ou 72 (mais próximo dos cinco segundos) toques. Nos dois casos, supunha-se que uma lauda equivalia a um minuto de texto lido. Eram parâmetros referenciais, variando a quantidade de texto para o tempo total do noticiário conforme a velocidade do locutor e mesmo o estilo de apresentação das notícias.

Como já observado, na passagem das máquinas de datilografia para os computadores, algumas estações adotaram *softwares* que indicam a contagem do tempo à medida que o texto é digitado. Na ausência desse recurso, sugere-se a adoção do padrão de 72 toques com a colocação de uma guia para visualização ao digitar. Em termos de tipologia e em especial para o redator iniciante, recomenda-se o uso da família Courier New, por englobar caracteres sempre de mesma largura, sem diferença entre o "i" e o "m", por exemplo.

Lembre-se, portanto:

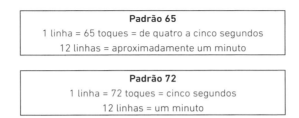

Figura 23 – Correspondência entre toques e tempo de leitura

Alinhamento e hifenização

Para facilitar a leitura, o texto é digitado com alinhamento à esquerda e sem hifenização.

Entrelinhado

O mais adequado é usar entrelinhado duplo na redação do texto.

Barras

A utilização de barras (/) indica o final de períodos, recomendando-se o seu uso para facilitar a leitura.

Figura 24 – Uso de barras ao final de período

Caixa-alta

Profissionais mais antigos grafam nomes próprios de pessoas com todos os caracteres em caixa-alta (em maiúsculas). Em décadas anteriores, era comum utilizar esse recurso, inclusive, em denominações de instituições.

> **ATENÇÃO**
> Barras, sinalizando para quem lê o final do período, e caixa-alta, destacando nomes de pessoas, são recursos que têm deixado de ser empregados em várias emissoras.

Nos exemplos aqui apresentados, optou-se pelo uso de maiúsculas apenas nas situações previstas pela ortografia em vigor. No entanto, manteve-se a utilização das barras, julgando que estas garantem uma leitura mais correta ao destacarem o final dos períodos.

Expressões em destaque

Expressões e palavras jocosas ou muito complicadas devem ser colocadas em negrito ou itálico, chamando atenção de quem as lê.

Mudança de linha ou de lauda

Nunca separe sílabas ou nomes próprios de pessoas ou de instituições ao final de uma linha. Prefira escrever tudo na linha seguinte.

Impacto

A primeira frase da notícia deve causar impacto, surpresa, choque, abalo... Lembre-se: o objetivo é fisgar a atenção do ouvinte.

> **ATENÇÃO**
> Evita-se iniciar uma fala ou um texto, em especial em uma nota, por elementos de tempo ou lugar, o que reduz o impacto da abertura e, portanto, diminui a possibilidade de fisgar a atenção do ouvinte.[15]

---

15. Em comentários, reportagens e manifestações ao vivo de âncoras, essa regra pode ser flexibilizada. O profissional que está no palco de ação do fato tende a, vez por outra, por exemplo, começar sua narrativa com a indicação de lugar – "Aqui na Assembleia Legislativa..." – ou de tempo – "Em instantes, começa a reunião que vai..."

Ordem direta

A estrutura mais simples, em geral, é a melhor, principalmente no caso do texto radiofônico. Assim, a ordem direta deve ter preferência sobre a indireta, em especial no lide.

Figura 25 – Estrutura do período em ordem direta

Clareza

Não misture ideias. Primeiro, deixe clara uma informação para, depois, dedicar-se às restantes. Observe como, no texto do exemplo, cada período compõe uma informação, complementada pela seguinte.

```
12345678901234567890123456789012345678901234567890123456789012
O governo dos Estados Unidos vai enviar mais 260 mil soldados para auxiliar
o Vietnã do Sul a combater as forças comunistas na região./ Conforme dados
extraoficiais divulgados hoje em Washington, o país gasta
quatro milhões de dólares por dia no conflito./ Até o momento, um contingente
de 440 mil homens dá apoio na guerra contra o Vietnã do Norte.//
```

Exemplo 2 – Clareza

Voz ativa

A utilização da voz passiva diminui o impacto da notícia, por deslocar o foco de interesse do quem para o quê. Em alguns casos, o responsável pelo fato desaparece, empobrecendo o nível de informação do texto. A preferência pela voz ativa é significativamente mais importante na abertura do texto, no qual se busca captar a atenção do ouvinte.

Use formas como a do Exemplo 3 e evite situações como a do 4.

```
12345678901234567890123456789012345678901234567890123456789012
Os exércitos da Sérvia e da Croácia interromperam a trégua de três dias,
reiniciando hoje pela manhã os combates na Região Norte da Iugoslávia./
```

Exemplo 3 – Abertura com texto na voz ativa

```
12345678901234567890123456789012345678901234567890123456789012
Foram reiniciados hoje os combates no norte da Iugoslávia depois de três dias
de trégua./
```

Exemplo 4 – Abertura equivocada com texto na voz passiva

Tempo verbal

Dê preferência ao presente. Sempre que necessário, no entanto, use o passado, principalmente se isso contribuir para a clareza da informação. Para se referir ao que vai acontecer, utilize o futuro composto ou formas subentendidas com o verbo no presente, bem mais coloquiais do que o futuro simples.

Prefira, portanto, estruturas como a do Exemplo 5, evitando as semelhantes à do Exemplo 6:

```
12345678901234567890123456789012345678901234567890123456789012
O primeiro-ministro de Cuba, Fidel Castro, chega hoje a Nova Iorque
para participar da assembleia geral da Organização das Nações Unidas./ É a
primeira visita do líder revolucionário após a derrubada do regime de
Fulgêncio Batista, que tinha o apoio dos Estados Unidos.//
```

Exemplo 5 – Uso do presente associado ao advérbio de tempo para indicar o futuro

```
12345678901234567890123456789012345678901234567890123456789012
O primeiro-ministro de Cuba, Fidel Castro, chegará hoje a Nova Iorque
para participar da assembleia geral da Organização das Nações Unidas./ É a
primeira visita do líder revolucionário após a derrubada do regime de
Fulgêncio Batista, que tinha o apoio dos Estados Unidos.//
```

Exemplo 6 – Uso do futuro simples (menos coloquial)

Fontes e instituições

O cargo ou função é sempre mais importante do que a pessoa em si. A regra geral é seguir o esquema da Figura 26:

> Cargo ou função + Nome da pessoa

Figura 26 – Identificação de cargo ou função seguido do nome

Quando o nome da pessoa aparecer pela primeira vez, prefira a identificação completa – o cargo ou função seguido do nome –, como no Exemplo 7. Caso seja necessário optar por um deles, use o cargo ou a função, como mostrado no Exemplo 8. Nesse caso, a função – "presidente da República" – segue sendo apresentada antes, no primeiro período, e o nome – "João Goulart" –, depois, no segundo.

```
123456789012345678901234567890123456789012345678901234567890123456789012
O secretário-geral do Partido Comunista Brasileiro, Luiz Carlos Prestes,
disse...
```

Exemplo 7 – Cargo ou função seguido do nome

```
123456789012345678901234567890123456789012345678901234567890123456789012
O presidente da República participa amanhã de um comício em frente à
Central do Brasil no Rio de Janeiro./ João Goulart vai anunciar a desapropriação
de latifúndios improdutivos, a encampação de refinarias de petróleo, o tabelamento
dos aluguéis e mudanças nos impostos.//
```

Exemplo 8 – Cargo ou função e nome em períodos diferentes

Funções públicas no Poder Legislativo

A referência a mandatos de políticos segue a regra geral. Nesse caso, no entanto, recomenda-se a indicação do partido antes do nome na primeira vez em que a pessoa for citada.

Função pública + Partido + Nome da pessoa

Figura 27 – Identificação de mandato parlamentar

Deve-se, também, atentar para algumas particularidades:

1. No caso de um deputado, deve-se indicar, na primeira vez em que aparece o cargo, se ele é estadual, distrital (exclusivamente para os do Distrito Federal) ou federal.
2. Para senadores e deputados federais é interessante, sempre que possível, identificar o estado pelo qual o político se elegeu. Algumas emissoras optam por omitir esse dado quando se trata de pessoa muito conhecida e/ou de políticos do mesmo estado em que a rádio opera.

```
123456789012345678901234567890123456789012345678901234567890012
 O deputado federal do P-C-B paulista, Jorge Amado, acredita que...
```

Exemplo 9 – Identificação do partido e do estado do parlamentar

3. Políticos que, além de seus mandatos, exercem cargos ou funções específicas no Poder Legislativo devem ser identificados por esses cargos ou funções, não havendo a necessidade de chamá-los, em um primeiro momento, de vereador, deputado ou senador.

```
123456789012345678901234567890123456789012345678901234567890012
 O líder da bancada do M-D-B na Câmara dos Deputados, Tancredo Neves, propôs...
```

Exemplo 10 – Identificação do cargo de um parlamentar

Números

- Cardinais: até nove, incluindo o zero, devem ser grafados por extenso. Os demais, em arábicos. No entanto:

1. Para evitar problemas provocados por erros de digitação:

Use:	E não:
onze	11
vinte e dois	22
trezentos e trinta e três	333

2. Para garantir uma leitura correta:

Use:	E não:
cem	100
um milhão	1.000.000
um bilhão	1.000.000.000
dois mil 458	2.458

Algumas emissoras preferem grafar também as dezenas por extenso. Opte, então:

Entre:	E:
20	vinte
30	trinta
40	quarenta

> **ATENÇÃO**
> Números que iniciam período devem ser grafados por extenso para facilitar a leitura.

- Ordinais: sempre por extenso, evitando o uso de números ordinais depois de décimo.
  Use, portanto:
  Sexta Festa Nacional da Bergamota
  E não:
  6ª Festa Nacional da Bergamota
  Caso seja indispensável ao assunto ou mesmo o fluxo do texto referir, por exemplo, à quantidade de vezes em que um determinado evento ocorreu, opte pela indicação em números cardinais: "Nas 53 edições da Feira do Livro de Porto Alegre..."

- Números associados a palavras femininas: sempre que o número for do tipo que varia em gênero e o substantivo estiver no feminino, deverá ser grafado por extenso.

Portanto, escreva:	E não:
duzentas pessoas	200 pessoas
duas mil, quatrocentas e 85 pessoas	2.485 pessoas

- Números com vírgulas e percentuais: não são usados sinais gráficos neste caso.

Utilize, portanto:	E não:
27 vírgula quatro por cento	27,4%

- Datas: meses aparecem por extenso com os números obedecendo à regra dos cardinais.

Use:	Ou:	E não:
17 de setembro de 1989	17 de setembro de mil 989	17/09/1989

- Horários: a indicação das horas obedece à forma coloquial. Em hipótese nenhuma, opta-se por abreviações.

Escreva:	E não:
às duas da tarde	às 14 horas
	às 14:00
	às 14h
ao meio-dia	às 12 horas
	às 12:00
	às 12h

- Telefones: em arábicos ou por extenso, agrupados de modo a facilitar a memorização pelo ouvinte e separados por hífen e espaçamento. É um caso típico em que se deve usar o bom senso. Observa-se, ainda, a necessidade de, sempre que possível, repetir o número para facilitar uma eventual anotação por parte do ouvinte[16].
Exemplo:
34 – sete – meia – 28 – 34

- Dinheiro: a unidade monetária aparece sempre por extenso, com os números seguindo as regras específicas para cada caso.

Use:	E não:
dois mil e 200 reais	R$ 2.200,00
um bilhão e meio de reais	R$ 1,5 bilhão
	1,5 bilhão
	um vírgula cinco bilhão

- Frações: sempre por extenso.

Use:	E não:
dois terços	2/3

- Pesos e medidas: sempre por extenso, sem esquecer que a expressão grama é masculina. Nesse caso, números que variam em gênero aparecem também por extenso.

---

16. Recomenda-se a adoção dessa prática também para endereços.

Use, portanto:
um quilo e duzentos gramas
E não:
1 kg e 200 g

- Unidades estrangeiras: horários, moedas e unidades de medida de outros países ou regiões devem aparecer no texto sempre ao lado de seus correspondentes brasileiros. Se não prejudicar a clareza da informação, o ideal é simplesmente substituir o valor pelo seu equivalente no Brasil.

```
1234567890123456789012345678901234567890123456789012345678901234567890 12
O jogo Brasil e Tchecoslováquia pela final da Copa do Mundo do Chile
começa às três da tarde pelo horário de Brasília./
```

Exemplo 11 – Diferença de fuso horário

```
1234567890123456789012345678901234567890123456789012345678901234567890 12
O custo da guerra no Iraque pode chegar a três trilhões de dólares
para os Estados Unidos, o equivalente a cinco trilhões de reais./
```

Exemplo 12 – Equivalência de moeda estrangeira em moeda nacional

Siglas

Somente as mais comuns não precisam aparecer por extenso. Quando cada uma das letras for pronunciada, use um hífen para separá-las. Caso contrário, escreva a sigla normalmente, para que ela seja lida como uma palavra.

Portanto, use:
CUT	Central Única dos Trabalhadores
M-S-T	Movimento dos Trabalhadores Rurais Sem Terra
Petrobras	Petróleo Brasileiro S.A.

Endereços de internet

Recomenda-se o uso do bom senso na adoção de uma ou outra modalidade exemplificada a seguir. A mais descritiva pode ficar restrita a endereços que misturem letras e números ou tenham uma grafia não usual. Nada impede, também, que seja adotada como padrão. Nesta última, sugere-se destacar algumas partes do endereço com o uso de maiúsculas, itálico ou negrito. Trata-se de um típico caso de opção editorial.

Assim, use:

http://www.planalto.gov.br

Ou:

H-T-T-P dois-pontos barra barra W-W-W ponto PLANALTO ponto GOV ponto B-R

ATENÇÃO

Para endereços da internet, observa-se que a pronúncia consagrada da letra "W" é /dáblio/.

No caso de correio eletrônico, para evitar eventuais erros, recomenda-se dar preferência à forma mais descritiva, dando destaque à ausência de acentos ou cedilhas, próprios da língua portuguesa, mas inexistentes na informática:

PRESIDENCIA sem acento arroba PLANALTO ponto GOV ponto B-R

Para possibilitar eventuais anotações por parte do ouvinte, recomenda-se a repetição de endereços de *blogs*, correios eletrônicos, redes sociais e *sites*.

Texto manchetado

O texto manchetado pode ser considerado um aprimoramento dos radiojornais dos anos 1940 e 1950, em que os trechos de uma mesma notícia eram lidos por dois ou três locutores, prática conhecida em algumas regiões do país como *leitura ponto a ponto*. Nela, a justificar a denominação, cada profissional encarregava-se de um período de um texto datilografado na forma corrida. O manchetado não deve, no entanto, ser confundido com uma mera divisão do conteúdo entre várias vozes. Possui, de fato, uma técnica própria, com a redação lembrando manchetes da imprensa, uma a complementar a outra na conformação da descrição ou da narrativa de fatos, opiniões ou serviços. A apresentação é feita por dois ou três locutores, com um fundo musical marcando o ritmo da leitura.

Na digitação do texto manchetado, seguem-se parâmetros semelhantes aos da redação na forma corrida. A exemplo daquela, sugere-se, na ausência de *softwares* que indicam o tempo simultaneamente à redação, a adoção de um padrão como o da Figura 28:

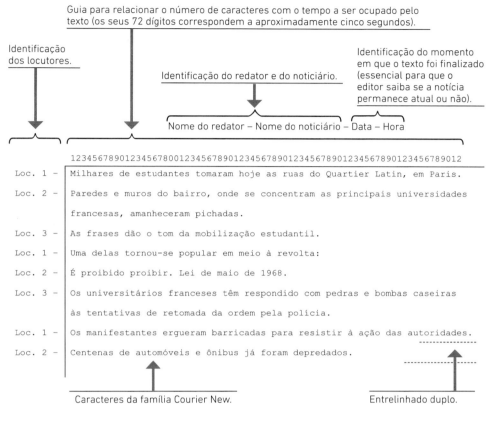

Figura 28 – Modelo para redação de texto manchetado

Em geral, no noticiário manchetado, os textos são redigidos sequencialmente a partir de uma pré-edição, optando pela setorialização dos redatores conforme os blocos do noticiário. As duas possibilidades de divisão mais comuns são: (1) local, nacional e internacional; ou (2) geral, política, economia e internacional. Assim, recomenda-se colocar um asterisco na primeira fala de cada uma das notícias, indicando para os locutores a passagem de uma notícia para outra.

```
Loc. 1 - | Os manifestantes ergueram barricadas para resistir à ação das autoridades.
Loc. 2 - | Centenas de automóveis e ônibus já foram depredados.
Loc. 3 - | * Representantes do governo da Nigéria e dos rebeldes separatistas
         | de Biafra reúnem-se em Londres para tentar por fim à guerra.
Loc. 1 - | Nos dez meses de conflito, já morreram 50 mil pessoas.
```

Exemplo 13 – Passagem de uma notícia para outra

Essa medida não é necessária no caso de a emissora optar pela redação de um texto jornalístico por folha comum, quando a edição se baseia na similaridade de assuntos.

Principais convenções

O texto manchetado possui também as suas particularidades, as quais variam um pouco de emissora para emissora. Em algumas, tudo é redigido em caixa-alta, enquanto, em outras, seguem-se mais ou menos as mesmas regras do texto corrido. As convenções apresentadas aqui representam, portanto, uma média do que é adotado.

> **ATENÇÃO**
> Nas situações aqui não indicadas, recomenda-se que a redação do texto manchetado siga os mesmos procedimentos descritos para a do texto corrido.

- Tamanho da notícia: cerca de oito manchetes com, em média, uma linha e meia cada (aproximadamente 100 toques). Em textos com mais de dez manchetes, é aconselhável recuperar o aspecto mais importante no final dele. Sugere-se, como padrão, 72 caracteres por linha.
- Contagem de linhas: as manchetes que ocupam menos de dois terços da linha de 72 toques devem ser agrupadas mentalmente para que o tempo do texto seja correto no momento da locução. Assim, no exemplo inicial, as linhas "As frases dão o tom da mobilização estudantil." e "É proibido proibir. Lei de maio de 1968." podem ser contadas como uma linha.
- Barras: não são usadas barras no texto manchetado.
- Caixa-alta: o ideal é seguir as regras do texto corrido. Algumas emissoras, no entanto, usam todo o texto em caixa alta. Nesse caso, quando é preciso salientar uma expressão, o redator pode utilizar como recurso o itálico ou o negrito.
- Lide: é a primeira manchete, na qual o redator, sempre que possível, vai manipular a linguagem buscando prender a atenção do ouvinte.

> **ATENÇÃO**
>
> Lembre-se de que cada manchete engloba uma ação expressa no verbo. Portanto, o lide – e também, por óbvio, as falas subsequentes – sem verbo perde força e não deve ser utilizado.

- Caráter interpretativo: por decisão editorial, em alguns noticiários, o texto manchetado recebe um tratamento nitidamente interpretativo, adquirindo em algumas ocasiões um tom quase opinativo. Essa técnica aparece, por vezes, na forma de uma fina ironia. O ideal, no entanto, é que o redator se limite a situar o ouvinte em um nível histórico, geográfico e social.
- Ritmo: marque o ritmo com reticências, dois-pontos, travessões...

Retirados dos noticiários paulistanos *Primeira Hora*, da Bandeirantes AM, e *Jornal da Eldorado*, da Eldorado AM, os textos dos Exemplos 14 e 15 exemplificam bem o caráter interpretativo, o ritmo do texto e o uso de chavões e termos em desuso ou excessivamente formais. Ambos tratam do mesmo acontecimento e foram veiculados em 25 de janeiro de 1989. Apesar do tempo, não perderam a sua graça no tratamento da informação. A respeito, observe o uso de clichês – "em alto e bom som", "aí, o pau comeu solto" e "turma do deixa disso" – ou de expressões arcaicas ou empoladas – "rififi" e "desforço". Em geral não recomendáveis, nestes dois casos os clichês ajudam a chamar e a fixar a atenção dos ouvintes:

O primeiro texto foge um pouco aos padrões, porque o assunto em si o permite e o estilo da emissora, na época, assim o exigia. No Exemplo 15, algo semelhante acontece. Nos dois casos, o gênero informativo cedeu espaço à interpretação e, talvez mais do que isso, a notícia tornou-se uma espécie de quase crônica.

Pode-se, inclusive, ponderar que, fora outros elementos, em algumas emissoras seria evitado o uso, por exemplo, da expressão "Ontem...", como faz o *Jornal Eldorado,* ou a abertura com a indicação do tempo – "Na madrugada de ontem..." – do *Primeira Hora*. No entanto, ambas as notas de fato conseguem, com boa dose de criatividade, manter a atenção do ouvinte concentrada, objetivo maior de todo redator.

```
         123456789012345678901234567890123456789012345678901234567890012
Loc. 1 - * Enquanto o presidente José Sarney faz poesias, seu filho sai por aí
         enchendo a cara e distribuindo tapas.
Loc. 2 - Foi o que aconteceu na madrugada desta quarta-feira em um restaurante
         de Brasília.
Loc. 3 - Após umas doses a mais de uísque, Sarney Filho resolveu trocar de mesa e
         sentou ao lado de outros políticos.
Loc. 1 - Entre eles, estava o velho adversário Haroldo Sabóia,
         atual deputado federal pelo P-M-D-B do Maranhão.
Loc. 2 - Sarney Filho, sem largar o copo, começou desafiando Sabóia, dizendo que,
         em 1990, não terá condições de vencê-lo nas eleições para o governo do
         Maranhão.
Loc. 3 - Depois, já irritado, o filho do presidente resolveu xingar,
         em alto e bom som.
Loc. 1 - Aí, o pau comeu solto...
Loc. 2 - Felizmente, minha gente, antes que cadeiras e mesas saíssem voando no
         fino restaurante, outros políticos apartaram a briga.
Loc. 3 - Só que, desta vez, os deputados maranhenses não fizeram as pazes
         como antigamente.
Loc. 1 - Ontem, no plenário, cada um sentou de um lado...
Loc. 2 - Sarney Filho à extrema direita e Haroldo à esquerda.
```

Exemplo 14 – Trecho do *Jornal da Eldorado* (25 de janeiro de 1989)

```
        123456789012345678901234567890123456789012345678901234567890012
Loc.1 - * Na madrugada de ontem, houve um rififi no Restaurante Fiorentino,
        em Brasília.
Loc.2 - Tudo seria considerado normal não fosse a identidade dos protagonistas
        desse desforço pessoal.
Loc.3 - Num corner, estava o deputado Haroldo Sabóia, do P-M-D-B do Maranhão.
Loc.1 - No outro, o deputado Sarney Filho, do P-F-L do mesmo estado da Federação.
Loc.2 - Conforme se observa, a Aliança Democrática dessa vez não funcionou.
Loc.3 - E os dois deputados somente não saíram no tapa porque a turma do
        deixa disso entrou em ação.
Loc.1 - Mais cinco deputados e senadores faziam parte da mesa.
Loc.2 - Rapidamente, separaram e levaram embora os dois adversários políticos.
```

Exemplo 15 – Trecho do *Primeira Hora* (25 de janeiro de 1989)

Particularidades e recursos de redação

Ao longo do tempo, os jornalistas e radialistas criaram alguns recursos que facilitam a redação e tornam o texto mais claro para os ouvintes:

Desdobramento

Um dos principais recursos de redação em rádio é o desdobramento do conjunto cargo-nome da pessoa. No entanto, isso só pode ser feito quando apenas uma fonte expõe suas opiniões, e sempre com o cargo aparecendo primeiro.

```
123456789012345678901234567890123456789012345678901234567890123456789012
O presidente da República considera superada a crise provocada pelo
levante comunista no Rio de Janeiro./ Getúlio Vargas garante que também é calma
a situação em Natal e Recife, onde outras revoltas aconteceram
nos últimos dias./ A polícia procura, agora, o líder do movimento,
Luiz Carlos Prestes.//
```

Exemplo 16 – Desdobramento

Declarações

Existem algumas formas básicas de introduzir declarações no texto radiofônico, as quais possuem diversas variações. No texto do Exemplo 17, o redator optou por destacar a afirmação em si, por se tratar de uma frase forte que acabou entrando para a história da Segunda Guerra Mundial.

```
123456789012345678901234567890123456789012345678901234567890123456789012
Nunca tantos deveram tanto a tão poucos./ Assim, o primeiro-ministro britânico,
Winston Churchill, definiu o papel da Real Força Aérea contra as esquadrilhas
da Luftwaffe alemã.//
```

Exemplo 17 – Texto com citação na abertura

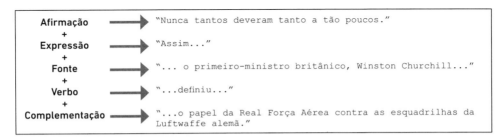

Figura 29 – Análise esquemática do Exemplo 17

O uso frequente dessa estrutura empobrece o texto do noticiário, que precisa de variedade e não da repetição exaustiva de fórmulas. Do ponto de vista da notícia em si, há ainda o problema de dar a opinião antes de dizer quem a afirma. Além disso, caso a citação não seja forte – leia-se: tenha condições de permanência, de ser lembrada no futuro –, o ouvinte pode não ter a sua atenção despertada no início do texto. Dessa maneira, o mais usual é empregar estruturas como as do Exemplo 18.

```
123456789012345678901234567890123456789012345678901234567890123456789012
O ministro das Relações Exteriores anunciou a entrada do Brasil na guerra
contra as forças do Eixo./ De acordo com Oswaldo Aranha, os frequentes ataques
a embarcações do país não poderiam continuar sem resposta./ A decisão já
foi comunicada aos representantes diplomáticos da Alemanha, da Itália e
do Japão./ O anúncio encerrou a terceira Reunião de Consultas dos
Ministros do Exterior das Repúblicas Americanas, realizada no Rio de Janeiro.//
```
Exemplo 18 – Texto corrido com formas usuais de introdução de declaração

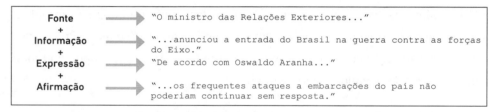

Figura 30 – Análise esquemática do Exemplo 18

Dependendo do caso, no texto manchetado são usadas estruturas semelhantes ou formas próprias dessa modalidade de redação.

```
            123456789012345678901234567890123456789012345678901234567890123456789012
Loc. 1 –    * Brasil declara guerra às forças do Eixo.
Loc. 2 –    O anúncio foi feito pelo ministro das Relações Exteriores no encerramento
            da reunião dos chanceleres americanos no Rio de Janeiro.
Loc. 3 –    De acordo com Oswaldo Aranha, os frequentes ataques a embarcações do país
            não poderiam continuar sem resposta.
Loc. 1 –    O ministro garantiu:
Loc. 2 –    O Brasil respondeu também a sua histórica e tradicional relação
            com as demais nações da América.
Loc. 3 –    A decisão já foi comunicada aos representantes diplomáticos da Alemanha,
            das Itália e do Japão.
```
Exemplo 19 – Texto manchetado com formas usuais de introdução de declarações

No Exemplo 19, ocorre a quebra na estrutura fonte-citação, utilizada para reforçar uma declaração. Assim, a fala "O ministro garantiu..." corresponde ao locutor 1, enquanto a "O Brasil respondeu também a sua histórica e tradicional relação com as demais nações da América." corresponde ao de número 2.

Verbos de elocução

Expressando o ato de falar, em suas várias nuanças, os verbos de elocução básicos são *dizer* e *afirmar*. Os demais podem ser usados somente se traduzirem com precisão o sentido da declaração que está sendo transcrita. O verbo falar, no entanto, não deve ser utilizado. É de praxe se considerar que, em rádio, o mínimo que uma pessoa pode fazer é falar. Considera-se o uso desse verbo especialmente condenável na introdução de gravações, por representar, portanto, uma redundância. No caso do texto, a utilização do verbo falar expressa pobreza de vocabulário, uma vez que outros verbos de elocução podem acrescentar mais dados à informação.

Embora, conforme certo senso comum, sinônimos sejam palavras de mesmo significado, um verbo de elocução não pode substituir o outro de modo indiscriminado. Na realidade, os sinônimos devem ser tratados como o que são: palavras de significado semelhante. Por exemplo, como explica Antenor Nascentes (1981, p. 44 e 102), há diferenças entre *afirmar* – quando se diz algo com firmeza, sem hesitação – e *dizer* – ao expressar uma ideia por meio de palavras, na forma oral ou escrita –, os dois verbos de elocução mais usados.

Acreditar	Avaliar	Desafiar	Narrar
Acusar	Citar	Descrever	Negar
Aconselhar	Comentar	Desmentir	Perguntar
Admitir	Concluir	Destacar	Prometer
Advertir	Concordar	Dizer	Propor
Afirmar	Confessar	Duvidar	Protestar
Alegar	Confirmar	Esclarecer	Questionar
Alertar	Considerar	Explicar	Reafirmar
Analisar	Constatar	Expor	Reconhecer
Anunciar	Declarar	Informar	Ressaltar
Apontar	Defender	Justificar	Revelar
Argumentar	Definir	Lamentar	Salientar
Assegurar	Denunciar	Lembrar	Mencionar

Quadro 10 – Verbos de elocução mais comuns

Simplificação do nome de instituições

Algumas denominações de entidades são muito extensas e pouco dizem ao grande público. Nesses casos, o nome da instituição pode ser simplificado.

Assim, use:	E não:
Sindicato das Financeiras	Sindicato das Empresas de Crédito, Investimento e Financiamento
Sindicato das Imobiliárias	Sindicato das Empresas de Compra, Venda, Locação e Administração de Imóveis

Procedência

Algumas emissoras, a exemplo do que fazia o antigo *Repórter Esso*, utilizam como padrão abrir o texto com a procedência da informação, isto é, o nome da cidade onde o objeto da notícia ocorre, seguido – quando necessário para a compreensão pelo ouvinte – do país. Como outros aspectos da plástica do noticiário, trata-se de uma decisão editorial, uma alternativa em termos de estruturação.

```
123456789012345678901234567890123456789012345678901234567890
La Higuera (Bolívia)
O exército executou, no início da tarde, o guerrilheiro Ernesto Che Guevara./
O ex-ministro da Indústria de Cuba liderava o Exército de Libertação Nacional
e pretendia transformar a Bolívia em um regime comunista./ Fontes do exército
informam que a decisão de matar Guevara partiu do presidente
René Barrientos, que teria consultado, antes, o governo dos Estados Unidos.//
```

Exemplo 20 – Procedência na abertura

Suítes

Em jornalismo, suíte é a continuidade dada à cobertura de um fato que se desenvolve por vários dias. A cada notícia sobre esse acontecimento, busca-se o novo sem deixar de situar o ouvinte a respeito do que ocorreu anteriormente.

```
123456789012345678901234567890123456789012345678901234567890
Os professores da rede estadual realizam, a partir das duas da tarde,
um ato público em frente ao Palácio Piratini./ O magistério
está em greve há 35 dias e até agora não recebeu nenhuma contraproposta
do governo./ Os grevistas querem um reajuste salarial de 11 por cento.//
```

Exemplo 21 – Suíte

No exemplo, excetuando-se o lide, o restante do texto recupera e situa o ouvinte, explicando o porquê da manifestação dos professores.

Textos para públicos mais específicos

Em seu segmento específico, o radiojornalismo segue padrões que consideram um público básico. Em geral, trata-se de uma audiência formada por pessoas das classes A e B, com no mínimo ensino médio e de faixa etária superior a 25 anos. Conteúdos noticiosos na forma de texto presentes em outros segmentos devem, no entanto, ser adaptados também às especificidades dos seus ouvintes.

Uma rádio jovem, por exemplo, faz isso na seleção das informações que vão ser tratadas como notícias, priorizando a cultura e o entretenimento, mas também tem de trabalhar a forma dos textos. Trata-se de um estilo de redação mais coloquial, descontraído e informal. Na maioria das vezes, limita-se a um comunicador que *conta* as notícias a partir do que aparece escrito na imprensa ou na internet. Quando, ao contrário, o texto é redigido especificamente para a emissora, ganha ainda mais força a ideia de "escrever como se fala", não significando, com isso, uma redação contrária às normas da língua portuguesa. No entanto, tende-se a utilizar, com parcimônia, algumas gírias, além de reduções informais, como "pra" – e não "para" – e "tá" – e não "está" (Souza, 2001, f. 40-55).

```
123456789012345678901234567890123456789012345678901234567890123456789012
Saiu a primeira reunião de negociação entre os representantes dos
professores em greve nas federais e o Ministério da Educação./ O governo,
de cara, pediu o fim da paralisação pra que os alunos não percam o semestre./
Os mestres até desistiram do reajuste de 75 por cento./ Agora, querem 35
apesar dos sete anos sem aumento salarial./ Mais um bate-papo
no Ministério da Educação tá marcado pra semana que vem.//
```

Exemplo 22 – Texto para rádio jovem

Expressões e situações que devem ser evitadas

Como já foi demonstrado, o rádio, devido às suas particularidades, exige uma série de cuidados na preparação dos textos. Em alguns aspectos, ressalta-se, é necessária atenção redobrada.

Abreviaturas

Em nenhuma hipótese são utilizadas abreviaturas no texto que será lido pelo locutor.

Aliterações

É condenável a presença de aliterações. Não use, portanto, estruturas como:

"...o **p**artido **p**olítico do **p**refeito de **P**onta **P**orã..."

Aspas e parênteses

Usados apenas em roteiros de dramatizações radiofônicas ou voltados à publicidade. As aspas indicavam, na época do rádio-espetáculo, outro tom a ser dado à voz – em uma ironia, por exemplo. Na atualidade, sugere-se sua substituição por recursos como o itálico ou o negrito. Já os parênteses assinalam a maneira de interpretar determinada fala, marcando, portanto, palavras que não devem ser lidas. Observe o trecho a seguir, de um roteiro produzido por Roberto Eduardo Xavier para *Histórias de Sherlock Holmes*, programa da Rádio Guaíba, de Porto Alegre. Foi levado ao ar no final da década de 1950 e é aqui adaptado a convenções mais modernas:

```
            123456789012345678901234567890123456789012345678901234567890012
Narrador -  Londres havia parado como acontece sempre em agosto./ O Parlamento
            suspendera suas atividades e os jornais se mostravam insípidos,
            quase sem novidades./ Enquanto Holmes lia e relia a sua carta,
            Watson aproximara-se da janela, concentrando-se em melancólica
            distração...
Sherlock -  Você tem razão, Watson./ É realmente absurda essa maneira de resolver
            brigas e contendas./
Watson -    Incrivelmente absurda!/ (pausa e surpresa) Como é possível?/
            Isto ultraja tudo quanto eu possa imaginar...
Sherlock -  (rindo) O que é impossível?/
```

Exemplo 23 – Trecho de *Histórias de Sherlock Holmes* (final dos anos 1950)

Portanto, em rádio, não existem construções como as do texto a seguir:

```
12345678901234567890123456789012345678901234567890123456789012
A Ordem dos Advogados do Brasil (O-A-B) quer a revisão da Lei de Anistia
pelo Supremo Tribunal Federal (S-T-F)./ Segundo o presidente da entidade,
a legislação aprovada em 1979 tratava apenas do que era considerado
crime político na época, mas foi aplicada também para delitos comuns./
De acordo com Cezar Britto, "a anistia não pode beneficiar
agentes da repressão que, durante a ditadura, mataram, torturaram e
foram responsáveis pelo desaparecimento de pessoas".//
```

Exemplo 24 – Uso incorreto de aspas e parênteses

Nesse caso, o correto seria algo como:

```
12345678901234567890123456789012345678901234567890123456789012
A Ordem dos Advogados do Brasil vai encaminhar um pedido de revisão da
Lei de Anistia ao Supremo Tribunal Federal./ Segundo o presidente da O-A-B,
a legislação aprovada em 1979 tratava apenas do que era considerado
crime político na época./ De acordo com Cezar Britto, a anistia não poderia,
assim, ter beneficiado agentes das forças de repressão que cometeram
delitos comuns como homicídio e tortura.//
```

Exemplo 25 – Uso correto de aspas e parênteses

Cacofonias

A cacofonia ocorre quando sílabas de palavras diferentes e em sequência unem-se lembrando o som de um terceiro vocábulo. Particularmente no rádio, a ocorrência de cacofonias é condenável, uma vez que o conjunto de palavras deve soar harmoniosamente. Por isso, algumas expressões são evitadas ou, pelo menos, para evitar o evidentemente jocoso, tem-se redobrado cuidado na ênfase ao utilizá-las. É o caso de expressões como:

bus**car alho**	paranin**fo da**
confor**me já**	**por cada**
mar**ca gol**	triun**fo da**
músi**ca ga**úcha	u**ma mão**
nun**ca go**stou	**vem sendo**

Conjunções

As conjunções "pois" e "porém" devem ser evitadas, por ser pouco coloquiais e nada eufônicas (não soam bem). Já "mas" pode ser confundida com o adjetivo "más". Fora isso, recomenda-se não iniciar período com a conjunção "e". Observe que, no Exemplo 26, o terceiro e o quarto períodos tornam-se apenas um ao serem lidos ao microfone e escutados pelo público:

```
123456789012345678901234567890123456789012345678901234567890123456789012
A greve geral iniciada há um mês já atinge 70 mil trabalhadores,
paralisando o comércio e a indústria de São Paulo./ A principal reivindicação
apresentada pelo Comitê de Defesa Proletária é a jornada de trabalho
de oito horas diárias./ Os grevistas querem também um reajuste de
35 por cento para os salários mais baixos, a garantia do direito de
associação sindical, o congelamento dos preços e a redução dos aluguéis./
E exigem que seja proibida a contratação de menores de 14 anos e extinta
a jornada de trabalho noturna para as mulheres./ Coordenada pela
Confederação Operária Brasileira, a mobilização já conta com
a adesão de trabalhadores no Rio Grande do Sul e no Rio de Janeiro.//
```

Exemplo 26 – Redação com uso incorreto de conjunção

Uma pequena alteração melhora significativamente o fluxo do texto:

```
123456789012345678901234567890123456789012345678901234567890123456789012
A greve geral iniciada há um mês já atinge 70 mil trabalhadores,
paralisando o comércio e a indústria de São Paulo./ A principal reivindicação
apresentada pelo Comitê de Defesa Proletária é a jornada de trabalho
de oito horas diárias./ Os grevistas querem um reajuste de 35 por cento
para os salários mais baixos, a garantia do direito de associação sindical,
o congelamento dos preços e a redução dos aluguéis./ Exigem, ainda,
que seja proibida a contratação de menores de 14 anos e extinta
a jornada de trabalho noturna para as mulheres./ Coordenada pela
Confederação Operária Brasileira, a mobilização já conta com
a adesão de trabalhadores no Rio Grande do Sul e no Rio de Janeiro.//
```

Exemplo 27 – Redação evitando o uso incorreto de conjunção

Expressões que diminuem o impacto da notícia

A notícia radiofônica é sempre a mais atual possível. Portanto, devem ser evitadas expressões que *envelhecem* o assunto em foco ou não trazem nada de novo, como o advérbio de tempo "ontem"[17] e os verbos "continuar", "manter" e "permanecer".

> **ATENÇÃO**
> Lembre-se: se algo continua, permanece ou se mantém, não há nada de novo e, como consequência, não há notícia.

Frases negativas

As frases afirmativas são preferíveis às negativas, porque expressam uma ideia com mais força e impacto. Portanto, formas como a do Exemplo 28 são corretas, enquanto as semelhantes à do Exemplo 29 devem ser evitadas.

```
123456789012345678901234567890123456789012345678901234567890123456789012
A Previdência Social vai pagar somente no ano que vem o reajuste de

12 por cento pretendido pelos aposentados./
```

Exemplo 28 – Frases afirmativas

```
123456789012345678901234567890123456789012345678901234567890123456789012
A Previdência Social não vai pagar este ano o reajuste de 12 por cento

pretendido pelos aposentados./
```

Exemplo 29 – Frases negativas

Intercalações

Analise o Exemplo 30:

```
123456789012345678901234567890123456789012345678901234567890123456789012
O presidente Epitácio Pessoa, que inaugura hoje à tarde a

Exposição do Centenário da Independência, no Rio de Janeiro, participa à noite

da primeira transmissão pública de rádio realizada no Brasil./ A demonstração

está sendo organizada pelas indústrias dos Estados Unidos, Westinghouse e

Western Electric.//
```

Exemplo 30 – Texto com intercalação equivocada

---

17. A não ser nos casos em que é necessário usar a palavra *ontem* para definir com exatidão o momento em que ocorreu um fato em relação a outro.

No texto, o trecho "que inaugura hoje à tarde a Exposição do Centenário da Independência, no Rio de Janeiro" quebra o ritmo da frase, separando o sujeito – "O presidente Epitácio Pessoa" – do verbo e de seus complementos – "participa à noite da primeira transmissão pública de rádio realizada no Brasil". A atenção exigida para compreender a mensagem é maior do que no exemplo a seguir, no qual não existem orações intercaladas:

```
123456789012345678901234567890123456789012345678901234567890123456789012
O presidente Epitácio Pessoa participa à noite da primeira transmissão pública
de rádio realizada no Brasil./ A demonstração integra o programa da Exposição
do Centenário da Independência, que está sendo inaugurada hoje à tarde, no
Rio de Janeiro./ As indústrias dos Estados Unidos, Westinghouse e
Western Electric cederam os equipamentos que vão ser utilizados.//
```

Exemplo 31 – Texto evitando intercalação equivocada

Palavras e expressões vetadas

Existem palavras e expressões que não devem ser usadas no texto jornalístico. São chavões, clichês, lugares-comuns, frases feitas, modismos, gírias ou vícios de linguagem. Há, ainda, rebuscamentos, preciosismos, redundâncias e palavras inúteis ou muito óbvias que prejudicam a fluência. Assim, procure não utilizar as expressões a seguir:

abrir as comportas	banco de réus
abrir (ou fechar) com chave de ouro	bárbaro assassinato
acabamento final	bater em retirada
acertar os ponteiros	cadáver do morto
acrescentar mais um	cair como uma bomba
adiar para depois	cair como uma luva
a duras penas	calor senegalesco (ou escaldante)
aeronave (use avião)	cantar vitória
agente da lei	carro-chefe
agora já	*causa-mortis*
agradar a gregos e troianos	causar espécie
à guisa de	cenas dantescas

RÁDIO

alardear aos quatro ventos	chefe do executivo (use presidente, governador, prefeito)
alto e bom som	chegar a um determinador comum
ambos os dois	chover a cântaros
a mil	chover no molhado
a nível de (além de lugar-comum, é uma construção errada. Se necessário, use "em nível de")	chumbo grosso
anos dourados	colhido pelo veículo
ao mesmo tempo	colocação (por opinião, comentário)
apaixonada defesa	colocar um ponto final
aparar as arestas	com a bola (ou a corda) toda
apertar o cinto	com a rapidez de um raio
aquecer as turbinas	como nos contos de fadas
arrebentar a boca do balão	complexo viário
a sete chaves	conclusão final
as mais altas autoridades civis e militares	condição *sine qua non*
ataque fulminante	conjugar esforços
atingir em cheio	conquistar espaços
a todo vapor	consternar profundamente
a toque de caixa	contabilizar (como somar, totalizar)
atual estágio das obras	continuar ainda
audaciosa manobra	conviver junto
coroado de êxito	forças vivas
criar novos	fortes contingentes militares
crivar de balas	fortuna incalculável
cumprir extenso programa	fugir da raia
curtir	galera (como torcida, plateia)
danos materiais de grande monta	ganhar grátis
dar com os burros n'água	genitor(a)
dar o último adeus	gentilmente cedido
data natalícia	guardado a sete chaves
debelar as chamas	há ... atrás (usar apenas um deles)
deitar e rolar	hábitat natural

deixar a desejar	história passada
de mão beijada	hora da verdade
de repente, não mais do que de repente	imperdível
desbaratar a quadrilha	inserido no contexto
descer para baixo	instrumentalização
desculpa esfarrapada	ironia do destino
desponta nas preferências	isto porque
detonar (por provocar, desencadear)	isto posto
de vento em popa	jogar a pá de cal
dimensionamento	jogo de vida ou morte
dirimir dúvidas	larápio
discorrer sobre o tema	leque de opções (ou alternativas)
discussão acalorada	logradouro
dispensa apresentação	lugar ao sol
dizer cobras e lagartos	malha viária
divisor de águas	mandatário
do Oiapoque ao Chuí	manter (ou continuar, permanecer) o mesmo
edil (use vereador)	mão de ferro
elemento (como indivíduo)	matrimônio (use casamento)
elo de ligação	mau tempo reinante
em compasso de espera	maximização, minimização
em grande estilo	medidas drásticas
eminente personagem	meliante
em ponto de bala	monopólio exclusivo
em sã consciência	morrer ao dar entrada no hospital
em última análise	morrer de amores
encarar de frente	morto prematuramente
ensaiar os primeiros passos	mulher do morto (use viúva)
ente querido	municipalidade
entrar em rota de colisão	na flor da idade
entrar para dentro	na flor da pele
entrementes	não obstante
equacionamento	na oportunidade

erário público	na ordem do dia
estar na sua	nau sem rumo
estrelas do céu	necrópole
exitoso	no bojo de
faca de dois gumes	nosocômio
familiares inconsoláveis	outrossim
fazer das tripas coração	página virada
ficar à deriva	países do mundo
fincar pé	palavra de ordem
paradigmático	saraivada de balas
parece que foi ontem	sendo que
parlamentares	sentir firmeza
passar em brancas nuvens (ou em branco)	separar o joio do trigo
pensamento político dominante	sinistro (como incêndio)
perder o bonde da história	sob os auspícios de
permanecer inalterado	sob o signo de
pintar (como surgir)	sofrer melhora
poder de fogo	soldado do fogo
pomo da discórdia	solenidade de praxe
pôr a casa em ordem	sorriso nos lábios
pôr a mão na massa	subir para cima
pôr as barbas de molho	surpresa inesperada
pôr as cartas na mesa	tábua de salvação
por conseguinte	tecer comentários
por outro lado	tirar do bolso do colete
posição, posicionamento, posicionar-se	tirar o cavalo da chuva
postulante	tirar uma posição (por definir-se)
precioso líquido	tiro de misericórdia
preço salgado	titular daquela pasta
prefeitura municipal	todavia
preencher a lacuna	todos são unânimes
prendas domésticas	todos sem exceção
problematização	trafegam por aquela artéria

proeminente cidadão	trair-se pela emoção
professores que ensinam	transar
propriamente dito	tratativa
quadro político nacional	trazer à tona
quem viver verá	trocar farpas
receber o sinal verde	ultimar preparativos
relações bilaterais entre os dois países	verdadeiro caos
relevantes serviços	vereadores da câmara municipal
repetir de novo	via de regra
requintes de crueldade	vida de cachorro
respirar aliviado	vítima fatal
reta final	voltar à estaca zero
sagrar-se campeão	voltar a brilhar a estrela de
sair para fora	viúva do falecido

Rimas

Em expressões como:

x por c**ento** de aum**ento**

a eleva**ção** da infla**ção**

Erros mais frequentes

O redator, por vezes, comete erros inadvertidamente, entre os quais alguns se destacam.

Colocação de vírgula entre o sujeito e o verbo

Não existe vírgula separando sujeito e verbo, simplesmente porque não há pausa entre esses elementos. Parece ocorrer, nesse caso, uma confusão com o caso de deslocamento de expressões ou trechos.

Do ponto de vista da língua portuguesa, está correto:

O deputado, durante a sessão, denunciou...

Mas não:

O deputado, denunciou...

Falta de precisão

Nos noticiários de diversas emissoras, com frequência verifica-se a seguinte estrutura:

Mais de mil pessoas participaram...

No exemplo, observa-se que a expressão "mais de" pode indicar, a rigor, qualquer número superior a mil, de 1.001 ao infinito. No caso do texto radiofônico, uma possibilidade seria o arredondamento:

Mil pessoas participaram...

Outra, o uso de uma expressão como "pelo menos..." ou "cerca de...":

Pelo menos mil pessoas participaram...

Cerca de mil pessoas participaram...

> **ATENÇÃO**
> Existem, no entanto, números que não podem ser arredondados, como indicadores financeiros, duração de condenações à prisão, certos preços etc.

Outro erro frequente, mesmo entre os redatores experientes, é a construção de frases ambíguas. Observe o Exemplo 32:

```
123456789012345678901234567890123456789012345678901234567890123456789012
Os deputados federais vão analisar a falta de verbas para o ensino
e a privatização das estatais./
```

Exemplo 32 – Texto com erro de ambiguidade

Nesse caso, o que os deputados federais vão analisar? A privatização das estatais e a falta de verbas para o ensino? A falta de verbas para o ensino e a falta de verbas para a privatização das estatais?

```
123456789012345678901234567890123456789012345678901234567890123456789012
O presidente dos Estados Unidos, Bill Clinton, recebe, pela primeira vez como
chefe de Estado, o líder palestino Yasser Arafat./
```

Exemplo 33 – Texto com erro de ambiguidade

E nesse, a quem se refere o trecho "pela primeira vez como chefe de Estado"? Ao presidente norte-americano Bill Clinton ou ao líder palestino Yasser Arafat?

Repetição de palavras ou de estruturas
A repetição de palavras ou de estruturas frasais empobrece o texto, dificultando a sua compreensão, além de diminuir o interesse do ouvinte em relação ao que está sendo narrado. No entanto, a busca por substitutos não deve ser levada ao extremo de confundir o ouvinte. É, portanto, o bom senso que decide se um vocábulo ou uma estrutura deve ou não ser repetido no texto.

Simplificação inadequada de nomes próprios
Conferir uma falsa informalidade no tratamento com autoridades e personalidades conhecidas constitui-se em erro comum dos redatores iniciantes. A forma como o nome do protagonista da notícia vai ser apresentado independe de ser ele popular ou não. Na primeira vez em que um nome próprio aparece no texto, é conveniente grafá-lo com prenome e, pelo menos, um sobrenome. Pessoas conhecidas podem ter um de seus sobrenomes suprimido em prol do mais conhecido:

É correto, por exemplo:

O presidente da República, Getúlio Vargas, disse...

E não:

O presidente Vargas disse...

Ou:

O presidente Getúlio Dornelles Vargas disse...

Nas demais vezes em que uma pessoa aparece no texto, pode-se usar apenas o(s) prenome(s) ou o(s) sobrenome(s). Em geral, prenomes identificam mulheres e sobrenomes, homens. No entanto, é uma questão de uso, como se observa no Exemplo 34:

```
123456789012345678901234567890123456789012345678901234567890123456789012
A primeira-ministra Margaret Thatcher anunciou há pouco no Parlamento britânico
o final da Guerra das Malvinas./ Tropas inglesas retomaram hoje a capital
Porto Stanley, após dois meses e duas semanas de domínio argentino./
Thatcher lembrou que a vitória contou com o apoio do Conselho de Segurança
das Nações Unidas, da Comunidade Europeia, dos Estados Unidos e de
outras ex-colônias britânicas.//
```

Exemplo 34 – Simplificação de nomes próprios

> **ATENÇÃO**
>
> Alguns artistas e a maioria dos desportistas – em especial de modalidades massivas, como o futebol – tendem a ser identificados por um ou dois prenomes, pelo sobrenome ou por uma alcunha ou um apelido, aqueles adotados em suas atividades.

Uso de estruturas não radiofônicas

Há uma tendência de confundir estruturas próprias de um meio de comunicação com as de outro. Em consequência, podem ser identificadas contaminações a partir dos textos para impressos e para televisão.

Em jornais ou revistas, declarações podem ser introduzidas de diversas formas, entre elas as duas expostas abaixo:

"A América", afirmou Simón Bolívar, "cairá, sem dúvida, nas mãos de um bando desenfreado de tiranos mesquinhos de todas as raças e cores, que não merecem consideração."

"A América cairá, sem dúvida, nas mãos de um bando desenfreado de tiranos mesquinhos de todas as raças e cores, que não merecem consideração", afirmou Simón Bolívar.

Em rádio, essas duas estruturas não funcionam. Na primeira, a intercalação do trecho "afirmou Simón Bolívar" quebra o fluxo da frase, o que é prejudicial quando da leitura pelo locutor. Na segunda, a colocação da fonte no final do período faz que o ouvinte saiba antes o teor da declaração e somente depois o nome do autor da frase. Algumas estruturas radiofônicas para a mesma informação aparecem no Exemplo 35:

```
123456789012345678901234567890123456789012345678901234567890123456789012
O ex-presidente da Gran Colômbia e do Alto Peru, Simón Bolívar, critica

a divisão da América do Sul em países./ O líder da luta contra

os colonizadores espanhóis afirmou que o destino do continente é cair

nas mãos de um bando de tiranos mesquinhos./ Para Bolívar, os dirigentes das

novas repúblicas não merecem a mínima consideração.//
```

Exemplo 35 – Estruturas radiofônicas para introdução de declarações

No texto, o ouvinte tem condições de identificar, de forma mais clara, a fonte e suas opiniões.

Por vezes, ocorrem simplificações não radiofônicas comuns no texto – bem mais conciso – de televisão. Observe os dois trechos de notícia dos Exemplos 36 e 37.

```
1234567890123456789012345678901234567890123456789012345678901234567890123456789012
Os bancários do estado entram em greve a partir da meia-noite de hoje./
A decisão foi tomada há pouco em assembleia geral no sindicato da categoria./ A
principal reivindicação é um reajuste salarial de...
```
Exemplo 36 – Texto com estruturas radiofônicas

```
1234567890123456789012345678901234567890123456789012345678901234567890123456789012
Bancários em greve./ A categoria paralisa as suas atividades a partir da
meia-noite de hoje./ A principal reivindicação é um reajuste salarial de...
```
Exemplo 37 – Texto com estruturas não propriamente radiofônicas

No primeiro, o texto flui com naturalidade. No segundo, o estilo do texto aproxima-se do de telejornais e não do de sínteses noticiosas. Em rádio, usa-se eventualmente um recurso semelhante em assuntos de grande interesse, criando uma espécie de carimbo sonoro na abertura de notas a respeito de fatos cuja cobertura se estende por diversos dias. Assim, a expressão inicial é utilizada em todos os noticiários, chamando atenção do ouvinte, como no Exemplo 38:

```
1234567890123456789012345678901234567890123456789012345678901234567890123456789012
Crise em Lima, no Peru./ As Forças Armadas analisam a possibilidade de uma
intervenção militar na embaixada japonesa./ A informação foi divulgada hoje
pelo jornal peruano La República, com base em fontes do governo./
Há uma semana, um comando do Movimento Revolucionário Tupac Amaru mantém
103 pessoas como reféns./ O M-R-T-A exige a libertação dos guerrilheiros da
organização presos pelo governo do presidente Alberto Fujimori.//
```
Exemplo 38 – Texto com carimbo sonoro

7. Os noticiários e a sua edição

O noticiário radiofônico constitui-se no momento da programação em que, de modo conciso, mas com certo grau de aprofundamento, são apresentados materiais jornalísticos – comentários, notas, quadros fixos, reportagens... – sobre os principais acontecimentos, opiniões e serviços de interesse do ouvinte referentes a determinado período de tempo. Os principais tipos são a síntese noticiosa e o radiojornal. A sua utilização depende de uma opção da emissora. Historicamente, têm suas origens na primeira metade da década de 1940, quando se destacam, respectivamente, informativos como o Repórter Esso, da Nacional, do Rio de Janeiro, e o Grande Jornal Falado Tupi, da Tupi, de São Paulo. Há, ainda, os toques informativos, que ganharam espaço nas emissoras musicais. Todos têm, portanto, duração, periodicidade e função diferentes. Na atualidade, se os dois primeiros tipos são usados em emissoras dedicadas ao jornalismo para apresentar um resumo em relação a dado período da atividade humana, este último aparece, em geral, como um complemento nas estações dedicadas à música e ao entretenimento.

	Duração	Periodicidade
Síntese noticiosa	Três a cinco minutos	A cada 30 minutos
		A cada hora
	Cinco a dez minutos	A cada turno
Radiojornal	De trinta minutos a uma hora[18]	A cada turno
Toque informativo	Até três minutos	A cada 30 minutos
		A cada hora

Quadro 11 – Tipos de noticiário

---

18. Há exceções que chegam a duas ou três horas de duração.

Editar um noticiário significa organizá-lo, selecionando e ordenando informações. Por mais planejado que seja, no entanto, todo programa ao vivo, a rigor, termina de ser preparado apenas no momento em que sai do ar. Devido à dinâmica própria desse tipo de conteúdo, sempre há a possibilidade, nas rádios especializadas, de uma nota ou reportagem de última hora ser incluída. Desse modo, do profissional que exerce essa função exige-se agilidade, conhecimento e informação.

A síntese noticiosa

Trata-se de um tipo de informativo em que as notícias seguem uma hierarquia que joga com a importância destas para o ouvinte, procurando segurar a atenção do público até o final, quando aparece aquela de maior destaque. Trata-se de uma sequência de notas apresentadas por um único locutor e com um patrocinador exclusivo.

A base da edição de uma síntese noticiosa é a aproximação de notícias pela similaridade de assuntos. Rosental Calmon Alves (1974, p. 30) explica essa ideia:

> Quando nos referimos à linguagem coloquial do radiojornalismo não consideramos notícias como sendo unidades isoladas, mas subunidades interdependentes, que formam uma unidade maior: o programa informativo. Isso quer dizer que os nossos conceitos devem ser aplicados ao noticiário como um todo, através de um encadeamento entre os assuntos.
> Para conseguirmos esse módulo, apelamos para uma das características principais de nossa comunicação interpessoal diária: um assunto puxa o outro.

A respeito da disposição do material informativo, por exemplo, o *Repórter Esso – Rádio – Manual de produção* (McCann-Erickson, 1963, f. 18-19) definia normas para a edição válidas ainda hoje:

> O principal item da edição é colocado como a notícia final. O segundo fato mais importante a ser noticiado deve abrir a edição. [...] Não existe, naturalmente, um critério geral e único capaz de definir a importância das notícias. A sensibilidade do redator e o seu bom senso são os seus melhores conselheiros no momento da avaliação. [...] É de boa prática, entretanto, colocar juntas as notícias e informações afins, que não possam ser fundidas num único item.

Supondo-se a duração de cinco minutos para uma síntese que resume os acontecimentos da manhã, observe como as informações – fictícias – do noticiário a seguir foram agrupadas. O principal fato das últimas horas é a decretação da prisão preventiva do prefeito da cidade na qual a emissora de rádio está situada. À esquerda, estão organizadas as notícias conforme uma estrutura básica, enquanto, à direita, aparecem os temas dos textos informativos.

Manchete/Texto de abertura/Comercial	
1. Greve dos rodoviários do município deixa 50 mil pessoas sem transporte em seu primeiro dia.	Sindical/Transporte
2. Greve dos portuários paralisa exportações.	Sindical/Transporte
3. Setenta por cento dos bancários do estado param no Dia Nacional de Protesto contra a Política Econômica.	Sindical/Política econômica (governo federal)
4. Congresso Nacional analisa hoje à tarde nova política salarial.	Sindical/Política econômica (governo federal)
5. Governador reúne-se com os servidores públicos em uma hora para negociar reajuste salarial.	Sindical/Política econômica (governo estadual)
6. Surge oficialmente um novo país na América do Norte com a independência do Quebec, agora ex-província canadense de língua francesa.	Internacional
7. Comunistas ganham eleições para o Parlamento na Rússia.	Internacional
Meteorologia/Comercial/Hora certa	
8. Oposição denuncia desvio de verbas no Ministério dos Transportes.	Corrupção (governo federal)
9. C-P-I ouve envolvidos com a compra de votos no Congresso Nacional.	Corrupção (Congresso Nacional)
10. Justiça decreta prisão preventiva do prefeito.	Corrupção (governo municipal)
11. Procurador do município tenta recurso para libertar o prefeito.	Corrupção (governo municipal)
12. Câmara de Vereadores mobiliza-se contra a prisão do prefeito.	Corrupção (governo municipal)
Texto de encerramento	

Figura 31 – Similaridade de assuntos em uma síntese noticiosa

Observe que as notícias, ao ser agrupadas por similaridade de assunto, podem formar pequenas unidades de conteúdo:

Unidade	Notícia	Assunto
A	1 e 2	Sindical/Transporte
B	3, 4 e 5	Sindical/Política econômica
C	6 e 7	Internacional
D	8 e 9	Sindical/Corrupção (âmbito federal)
E	10, 11 e 12	Sindical/Corrupção (âmbito municipal)

Figura 32 – Unidades de conteúdo em uma síntese noticiosa

Cada unidade é estruturada por similaridade de assuntos e ordenada conforme a força da notícia. Os mesmos critérios são usados para relacionar uma unidade com a outra. No primeiro bloco, formam-se dois grupos: um, a unidade A, com as notícias 1 – "Greve dos rodoviários do município deixa 50 mil pessoas sem transporte em seu primeiro dia" – e 2 – "Greve dos portuários paralisa exportações"; e, outro, a unidade B, com as de número 3 – "Setenta por cento dos bancários do estado param no Dia Nacional de Protesto contra a Política Econômica" –, 4 – "Congresso Nacional analisa hoje à tarde nova política salarial" – e 5 – "Governador reúne-se com os servidores públicos em uma hora para negociar reajuste salarial". As notas, em ambos os casos, aproximam-se pela questão sindical. O mesmo ocorre com as duas unidades entre si. Na sequência, conforma-se a unidade C com as notas 6 – "Surge oficialmente um novo país na América do Norte com a independência do Quebec, agora ex-província canadense de língua francesa" – e 7 – "Comunistas ganham eleições para o Parlamento na Rússia" –, de menor importância em relação às anteriores e aproximando-se pela origem internacional. Assim, a atenção do ouvinte é despertada no início do noticiário. A perda de força deve ser compensada no início do bloco final. Para tanto, o editor selecionou como assunto a corrupção. Desse modo, a unidade D refere-se ao tema em âmbito federal (Executivo e Legislativo) com as notas de número 8 – "Oposição denuncia desvio de verbas no Ministério dos Transportes" – e 9 – "C-P-I ouve envolvidos com a compra de votos no Congresso Nacional". Formando a unidade E, as três últimas notícias são locais e a sua ordem foi definida de modo a passar uma ideia de andamento dos fatos, quase um início – "Justiça decreta prisão preventiva do prefeito" –, meio – "Procurador do município tenta recurso para libertar o prefeito" – e fim – "Câmara de Vereadores mobiliza-se contra a prisão do prefeito".

A estrutura de um noticiário remete sempre às opções editoriais da emissora em relação àquele espaço informativo específico. A seguir, analisa-se como exemplo a adotada no início da década de 1960 pelo Repórter Esso, principal referência em termos de sínteses noticiosas no Brasil. O manual normativo daquela síntese noticiosa (McCann-Erickson,1963, f. 6) recomendava aos editores alguns critérios para seleção das notícias:

RÁDIO

A primeira e a última notícias são reservadas a assuntos de máximo interesse local; à falta destes, a assuntos de repercussão nacional; em último caso, a relevantes assuntos internacionais. Esta é uma regra geral, sujeita naturalmente às exceções ditadas pela sensibilidade do redator para a importância do material informativo que tem em mãos. Como é óbvio, há momentos em que o valor noticioso de um telegrama do exterior pode inverter completamente a disposição normal do noticiário.

De modo resumido, a estrutura do Esso era a seguinte, com eventuais variações nos textos de abertura, dos comerciais e de encerramento:

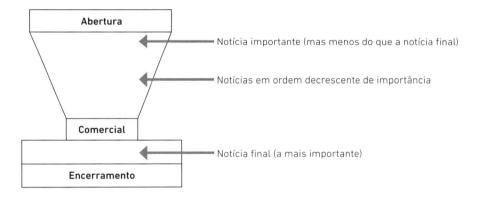

	TÉC. – CARACTERÍSTICA
Abertura	Loc. – Prezado ouvinte, boa noite. / Aqui, fala o *Repórter Esso*, um serviço público da Esso Brasileira de Petróleo e dos Revendedores Esso, apresentando as últimas notícias da U-P-I.//
Notícias	(De segunda a sábado, a meteorologia iniciava a primeira e a quarta edições do dia. O mesmo ocorria com a segunda edição dos domingos. Na sequência, por similaridade de tema, eram editadas as notas com a primeira perdendo em importância apenas para aquela que encerrava o informativo.)
Comercial	Loc. – Quando você para num Posto Esso sabe que pode contar com produtos de qualidade e os melhores serviços para o seu carro./ Nos Postos Esso, você é atendido por uma equipe treinada que trabalha para dar ao seu carro o máximo./ Esses homens merecem a confiança extra que você lhes dedica./ Confie o seu carro a um Posto Esso e, depois, rode mais tranquilo, confirmando que dá gosto parar num Posto Esso.//
Notícia final	E atenção para a notícia final.// (A notícia mais importante da edição)
Encerramento	Loc. – O Repórter Esso voltará ao ar às oito horas de amanhã./ Até lá, muito boa noite./ E lembre-se: a Esso está presente em cada passo do progresso.// TÉC. – CARACTERÍSTICA

Figura 33 – Estrutura básica do *Repórter Esso*

O radiojornal

O radiojornal é um programa jornalístico que se caracteriza por reunir várias formas noticiosas – comentários, editoriais, notas em texto corrido ou manchetado, reportagens, seções fixas (aeroporto, direitos do consumidor, mercado financeiro, meteorologia, trânsito...) e mesmo entrevistas. Normalmente, no entanto, há predominância da participação ao vivo ou gravada de repórteres. A maioria dos radiojornais nas principais emissoras brasileiras é apresentada nas faixas das 6h às 9h, das 11h às 14h, das 17h às 19h e/ou das 22h à 1h.

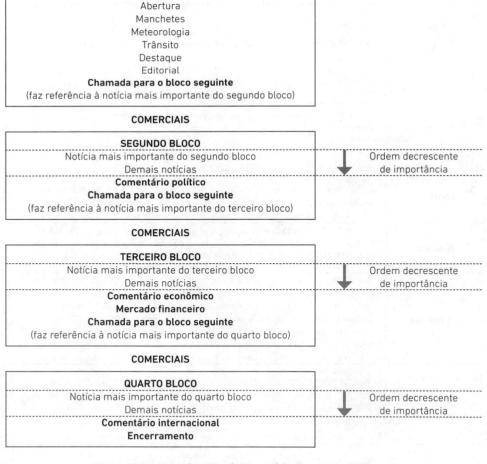

Figura 34 – Distribuição de conteúdo em um radiojornal

É plausível que, em uma síntese noticiosa, o ouvinte aguarde cinco ou dez minutos pela informação mais importante. A mesma lógica não vale, no entanto, para os radiojornais, com sua duração que, em média, fica em 30 minutos ou uma hora. A distribuição interna do conteúdo obedece, assim, à ideia da pirâmide invertida. Nesse caso, após as manchetes iniciais – se houver –, pode-se abordar a notícia mais importante, que, dependendo do caso, será ou não ampliada mais adiante. Cada bloco inicia com a sua notícia mais importante e termina com a chamada para a primeira notícia do bloco seguinte. Claro que a maneira como o radiojornal é editado também depende de opções feitas pela emissora. Na Figura 34, apresenta-se uma possibilidade mais recorrente em emissoras brasileiras que adotam esse tipo de noticiário.

Chama-se a atenção do ouvinte pela notícia mais importante do radiojornal e, depois, busca-se a manutenção dessa sintonia pela sucessão de blocos iniciados também com informações fortes do ponto de vista jornalístico. A partir dessa conformação básica, no rádio brasileiro, podem ser identificadas quatro formas de edição: por similaridade de assuntos, por zonas geográficas, com divisão por editorias e em fluxo de informação.

Edição por similaridade de assuntos

Forma que exige menos recursos em termos de repórteres especializados, correspondentes e comentaristas. Opta-se por esse tipo na impossibilidade de contar com um noticiário nacional ou internacional frequente, que determinaria a opção pela edição por zonas geográficas, ou na ausência constante de um noticiário político ou econômico, o qual, caso contrário, implicaria a divisão do radiojornal em editorias. (Veja a Figura 35)

Edição por zonas geográficas

As notícias são, em geral, separadas em blocos nesta ordem: local, nacional e internacional. Dentro deles, aparecem ordenadas em ordem decrescente de importância. Como o usual é a informação próxima ser a de maior interesse, a disposição dos blocos segue esse critério, com o radiojornal, após a abertura, tendo continuidade com um ou mais blocos locais. (Veja a Figura 36)

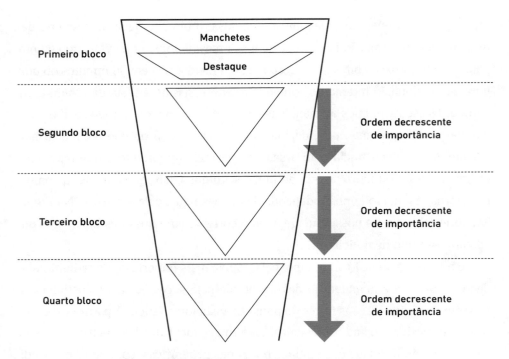

Figura 35 – Edição por similaridade de assuntos

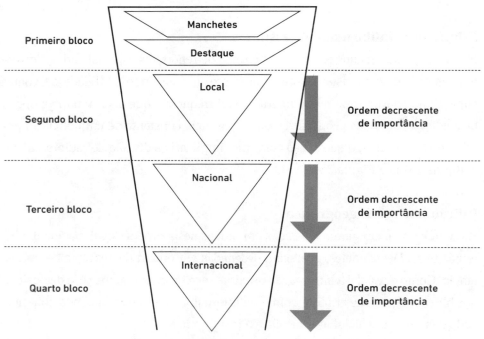

Figura 36 – Edição por zonas geográficas

Edição com divisão por editorias

Depende de uma boa infraestrutura de pessoal, em especial repórteres que, obrigatoriamente, devem atender às necessidades de especialização das editorias em que o radiojornal é dividido. As mais comuns são geral, política, economia e internacional. (Veja a Figura 37)

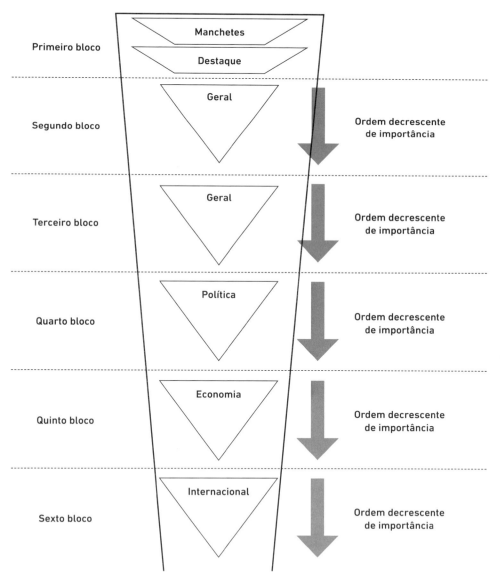

Figura 37 – Edição com divisão por editorias

Edição em fluxo de informação

Adaptação para os radiojornais do tipo de programação predominante nas emissoras *all-news* dos Estados Unidos. Com base em pesquisas indicando que os ouvintes do segmento de jornalismo se alteram em períodos cada vez menores, sintonizando conforme necessidades momentâneas – o início do dia, o deslocamento em meio ao trânsito das grandes cidades etc. –, as rádios estabelecem uma programação dividida em módulos, por exemplo, de 30 minutos. Neles, em momentos fixos, são recuperadas informações já noticiadas. Assim, ao longo de cada edição, além de ser apresentadas novas notícias, outras são repetidas ou atualizadas, como manchetes de jornais, notícias mais importantes e situação do tempo, dos aeroportos ou do tráfego. (Veja a Figura 38)

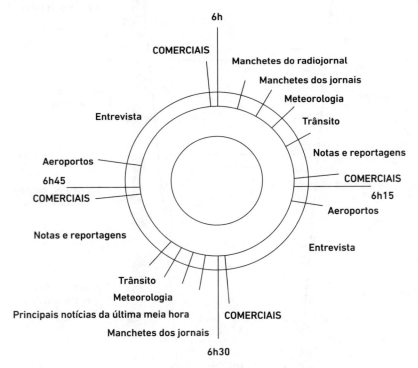

Figura 38 – Edição em fluxo de informação

Um radiojornal pode ainda ter a sua forma trabalhada em termos dos tipos de condutores do programa, o que depende das possibilidades e das necessidades de cada emissora. A infraestrutura em torno da qual é montado esse tipo de noticiário varia, assim, desde aquela na qual um apresentador, acompanhado ou não de outros locutores, vai apenas chamando a participação dos repórteres até aquela em que este é substituído por um âncora, profissional com maior autonomia. Antes de o programa ir ao ar, o âncora acompanha a produção e a edição do noticiário. Depois, ao microfone, dá também a sua opinião sobre as notícias, comanda a entrada no ar de repórteres e comentaristas, interage com eles, faz entrevistas e conversa com o ouvinte.

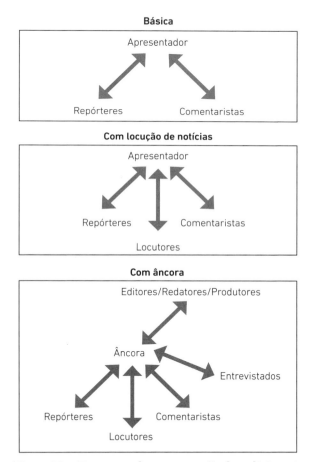

Figura 39 – Estruturas de apresentação de radiojornais

O toque informativo

Noticiários extremamente curtos, em geral, irradiados apenas como um complemento – ou por uma obrigação legal – em emissoras dedicadas à música, os toques informativos normalmente se apresentam na forma de duas ou três notas em texto corrido ou reduzidos a de três a cinco manchetes, cada uma referindo-se a uma notícia diversa. Nesses casos, o usual é agrupá-las por similaridade, optando por colocar a notícia mais importante ao final e, sempre que possível, abrindo com outra também de destaque, mas de menor valor em relação à última. Muitas rádios, no entanto, têm por prática colocar o comunicador do horário contando a notícia, de improviso, a partir do que está publicado em algum jornal ou site da internet.

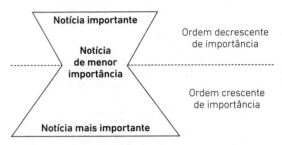

Figura 40 – Estrutura do toque informativo

8. A reportagem

A qualidade dos repórteres de uma emissora de rádio condiciona boa parte do valor do noticiário produzido. Sem eles, a rigor, não há jornalismo, em especial porque, nesse caso, inexiste qualquer tipo de investigação informativa, e a emissora fica dependente de outras empresas de comunicação (agências, jornais, emissoras de TV, portais da internet, redes sociais e mesmo estações concorrentes de radiodifusão sonora).

A pauta

Base da atividade do repórter, a pauta não deve ser encarada como uma imposição. Representa, na realidade, um parâmetro, um indicativo por onde começar o trabalho jornalístico. O responsável por ela é o pauteiro, aquele profissional que atua na retaguarda da reportagem. Ele define os assuntos que merecem cobertura e de que forma isso vai ocorrer, usando como parâmetros:

- sua experiência pessoal;
- as informações recebidas pela emissora;
- as sugestões dos repórteres a partir de pautas anteriormente realizadas;
- os critérios de validação jornalística do fato como notícia;
- a linha editorial da empresa;
- o público da emissora.

Uma boa pauta deve conter as informações básicas para o repórter realizar o seu trabalho com segurança. Alguns dados são essenciais:

- um breve resumo do assunto;
- questões às quais a reportagem pretende responder;
- nomes, cargos, telefones, endereços e outras referências básicas disponíveis da fonte;
- indicação do que já foi feito (no caso de suítes);
- quando necessário, a linha editorial da emissora a respeito do assunto em pauta.

Existem assuntos que sempre geram pauta, como:

- datas do calendário comercial, cultural, esportivo, histórico e religioso (Páscoa, Dia das Mães, Dia dos Namorados, Dia dos Pais, Dia das Crianças, Sete de Setembro, Finados, Natal...);
- congressos, encontros e seminários que se enquadrem nos critérios jornalísticos;
- feiras setoriais;
- eventos esportivos;
- visitas de personalidades nacionais e internacionais;
- repercussão na região de acontecimentos nacionais e internacionais (pacotes econômicos, decisões políticas importantes, morte de personalidades...).

O pauteiro, por sua vez, deve tomar alguns cuidados:

- considerar do mesmo modo todo o material informativo que lhe é enviado;
- ter sempre em mente não seu próprio universo, mas o do público da emissora;
- em temas polêmicos e, possivelmente, conflitantes, apontar diversas fontes;
- se necessário, lançar mão de ciências como sociologia, antropologia ou psicologia (um crime de grande repercussão pode ser analisado por um psicólogo, por exemplo);
- indicar fontes realmente representativas.

O repórter

O repórter, como define Philippe Gaillard (1974, p. 49), constitui-se em uma "testemunha profissional, um investigador que, em vez de prestar contas a uma administração, as presta ao público". Significa dizer que é alguém capaz de, estando, por exemplo, no palco de ação de um acontecimento, saber extrair dos dados da realidade aquilo que é de interesse para o ouvinte. Como define Juarez Bahia (1990, p. 56), "entre a notícia e o seu destinatário está o repórter".

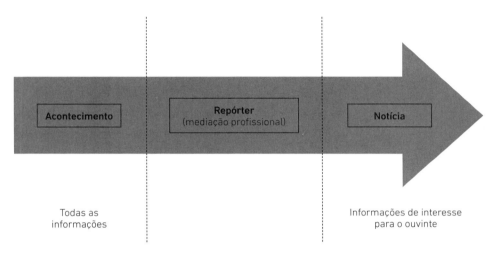

Figura 41 – Repórter como mediador entre o palco de ação do fato e o ouvinte

Na Figura 41[19], a palavra notícia refere-se ao resultado do trabalho do profissional ao transmitir o acontecimento. O termo, no entanto, indica também o fato narrado com o mínimo de detalhes possível e que, em rádio, é representado, entre outros, pelos textos – notas – das sínteses noticiosas. A reportagem é uma ampliação quantitativa e qualitativa. Em dose variável, pode aparecer um toque pessoal do repórter, certo estilo na estruturação da narrativa, dependente da maior ou menor criatividade do profissional, das circunstâncias do ocorrido e das características do público. Um exemplo é o boletim a seguir, transmitido durante a Guerra dos Seis Dias, em 1967, pelo jornalista Flávio Alcaraz Gomes, enviado especial da Rádio Guaíba, de Porto Alegre, ao Oriente Médio:

---

19. É claro que outros fatores, além da intervenção do repórter, interferem na construção da notícia. Nas últimas décadas, diversos pesquisadores têm analisado o tema. A respeito, como introdução, recomendam--se as obras dos portugueses Nelson Traquina – *O estudo do jornalismo no século XX* (2001) e *Teorias do jornalismo* (2004) – e Jorge Pedro Sousa – *Teorias da notícia e do jornalismo* (2002).

Estou voltando de meu primeiro contato epidérmico com a guerra. Estou chegando de uma viagem de dia e meio ao fronte de combate de Noroeste. Podem, porém, passar muitos anos que jamais hei de esquecer o que vi. Eu vi a guerra em toda a sua sujeira e imundície. Eu vi a maneira bestial com que os homens se matam no campo de batalha. Eu vi. Eu vi cadáveres mutilados dentro das trincheiras, nos campos, nas ruas. Eu vi homens carbonizados dentro dos tanques de guerra. Eu vi um beduíno morto ao lado de sua vaca também sem vida e um terneiro chorando a morte do animal ao mesmo tempo em que tentava, inutilmente, sugar-lhe seu leite. Eu vi a tristeza dos campos abandonados, do material destruído, das moscas voando em torno de centenas e centenas de homens mortos. Não vi um único cadáver israelita. Todos eles eram árabes e a maioria deles estava sem sapatos. Os trucidados mais recentemente ainda guardavam a dignidade de um uniforme completo. Mas os que haviam sido abatidos na véspera tinham tido seus corpos saqueados pelos beduínos ladrões do deserto. Não vi nenhuma mulher, nem nenhuma criança morta. Mas vi centenas de soldados egípcios coalharem com seus corpos sem vida às margens da estrada e do deserto que se estende de Rafah a El'Arish, numa extensão de 50 quilômetros. Chegamos a El'Arish. Rafah ficou para trás. Então, era o caminho do deserto e os indícios da guerra ali estavam: fumegantes, medonhos. O primeiro tanque destruído apareceu um quilômetro mais tarde. Era um [denominação ininteligível] de fabricação egípcia reduzido a um cômoro de ferros retorcidos. Então, os cadáveres. Em grupos de cinco, de seis, de dez. Nas mais diversas posições. A arma ainda em punho. O oficial israelense que nos servia de cicerone evitou tocar no assunto. Mas eu vi o inimigo morto. O inimigo que, ainda há uma semana, me havia servido no Cairo como chofer, como camareiro, como garçom, como guia, como intérprete, como amigo. Eu vi aquela gente morta. Alguns já inchados ao sol do deserto, outros com os membros decepados, atestando com o seu mudo, frio e inútil protesto a bestialidade de uma guerra e da ambição de um homem que teve tudo nas mãos para dar paz ao Egito[20], mas que em troca lhe trouxe isto. Eu vi meus amigos Habib sem braços, sem pernas, alguns decapitados. Eu os vi em posição fetal, carbonizados alguns, outros com os olhos desmesuradamente abertos, vazios, opacos, inúteis para sempre. A revolta de meu cérebro traduziu-se para o estômago e vomitei convulsivamente. (Gomes, 1997)

---

20. Aqui, o repórter refere-se ao presidente do Egito e principal liderança do mundo árabe na época, Gamal Abdel Nasser, que determinou o bloqueio do Golfo de Ácaba. A decisão provocou o início da Guerra dos Seis Dias em 5 de junho de 1967, quando caças israelenses atacaram nove campos de pouso, destruindo a força aérea egípcia. Em menos de uma semana, Nasser e seus aliados da Jordânia e da Síria foram derrotados por Israel.

Em estilo particularmente literário e com grande carga de dramaticidade, Flávio Alcaraz Gomes quebra várias regras do texto radiofônico, sem, em nenhum momento, deixar de informar. É um caso particular. O repórter atua como enviado especial. Na época, as informações pontuais – avanços e retrocessos no campo de batalha, decisões políticas, estratégias militares, movimentos de tropas etc. – sobre o conflito já chegavam via agências noticiosas. A impressão pessoal do jornalista pesa na narrativa. O ouvinte tem, no relato, sua atenção despertada pela estrutura baseada na oposição entre as expressões "eu vi" e "não vi". Constitui-se, em resumo, em um modo de acrescentar um toque pessoal ao que foi testemunhado. Não deve ser tomado como regra, e sim como exemplo das possibilidades do meio rádio de levar o público sensorialmente, no imaginário, a ver o testemunhado pelo repórter. Obviamente, para deixar de seguir as convenções, o profissional precisa conhecê-las com profundidade.

Requisitos essenciais para o repórter

O repórter de rádio precisa, acima de qualquer coisa, unir capacidade de observação com habilidade na comunicação. Deve ter por pretensão não deixar escapar nenhum detalhe do acontecimento. É necessária uma aptidão tal que permita ao profissional narrar, de forma clara e audível, um fato não raro enquanto este ocorre. Essa dupla necessidade diferencia os jornalistas que exercem essa função no rádio dos seus colegas de meios impressos de comunicação.

A essas características, acrescenta-se a sensibilidade, ou seja, o atributo de saber valorizar os aspectos do ponto de vista humano e na sua dimensão mais adequada. Por sua vez, manter-se informado, atualizando conhecimentos, é obrigação de qualquer jornalista, advindo daí a bagagem cultural do indivíduo, indispensável para que ele consiga contextualizar os acontecimentos. Se a esses fatores forem acrescidas a criatividade e uma boa formação intelectual, ele será, verdadeiramente, um profissional da notícia. Resumindo, as características essenciais de um bom repórter incluem:

- capacidade de observação;
- habilidade de comunicação;
- sensibilidade;

- criatividade;
- busca constante pela própria atualização informativa;
- sólida formação intelectual.

Recomendações gerais

1. O repórter deve se manter bem informado. Sempre que possível, escutar com atenção o noticiário da sua e de outras emissoras. Nas matérias por ele produzidas, é interessante a comparação com o que as rádios concorrentes informam. Daí, o repórter pode avaliar o seu trabalho e, se necessário, fazer uma autocrítica.
2. O primeiro passo no cotidiano do repórter é a análise da pauta que irá cumprir, verificando possíveis fontes e alternativas de abordagem. Além disso, ele precisa saber se a reportagem dá continuidade ao trabalho iniciado por outro colega no dia anterior. Assim, evita-se perda de tempo e repetição de informações.
3. Para trabalhar em condições ideais, o repórter de rádio deve estar munido de caneta (duas, para evitar problemas caso uma falhe), um bloco para anotações e um telefone celular, contando este último com acesso à internet e aplicativos específicos para redes sociais e gravação e edição de áudio, vídeo e fotografia. No entanto, ainda é prática comum o uso de gravadores específicos de áudio.
4. Antes de sair para o cumprimento de uma pauta, o repórter deve testar seu celular e/ou gravador, verificando a carga das baterias. Além disso, deve manter organizado o material que possuir na memória desses aparelhos.
5. A obtenção das informações dá-se pessoalmente no palco de ação dos acontecimentos ou por telefone. No segundo caso, redobram-se os cuidados na coleta de dados.
6. O bom repórter não confia apenas na memória. Esta deve ser considerada uma auxiliar em seu trabalho. Ele, de preferência, anota o que está vendo ou lhe está sendo dito. Nas entrevistas, além das anotações, o ideal é gravá-las sempre que possível.
7. No contato com a fonte, saiba que respeito não significa subserviência. Ao mesmo tempo, mantenha o distanciamento necessário à correta transmissão de fatos e opiniões.

8. Confira sempre os nomes próprios. Se necessário, peça que sejam soletrados e informe-se sobre a forma correta de pronunciá-los, em especial no caso de sobrenomes estrangeiros.
9. Nas transmissões em que utilizar celular ou microfone, fale a pelo menos um palmo de distância. Se for em campo aberto, proteja o bocal desses equipamentos com o corpo contra o vento. Essas medidas vão garantir um som mais claro.
10. Evite entrevistas em ambientes com muito ruído. Se possível, leve o entrevistado para um local mais tranquilo e, então, grave ou fale ao vivo com ele.
11. Ao fazer entrevistas, não permita que a fonte pegue o gravador, o microfone ou o telefone celular. Caso isso ocorra, você terá perdido parte do controle sobre o processo.
12. Somente em casos especiais grave uma conversa sem que a outra pessoa saiba disso. Essa prática deve ser regida pela mais extrema necessidade informativa, porque, de outro modo, constitui-se em grave agressão ao direito da fonte.
13. Procure sempre fontes especializadas. Se necessário, ouça mais de uma pessoa a respeito do mesmo fato, em especial quando as opiniões são contraditórias ou divergentes. No caso de conflito de interesses, procure dar o mesmo espaço a cada uma das partes envolvidas.
14. Mantenha uma agenda telefônica atualizada. O ideal é dividir as fontes por assuntos. Assim, quando for necessário selecionar pessoas para entrevistar a respeito de algo, você terá diversas alternativas acessíveis rapidamente.
15. A rigor, o repórter deveria falar do palco de ação do fato, o que nem sempre é possível. Quando ele presencia um acontecimento, é importante o uso de áudio ambiente. Um exemplo: na cobertura de uma passeata de grevistas, as palavras de ordem gritadas pela multidão podem ser usadas no fundo do texto ou em determinados momentos da reportagem editada, dando o clima da manifestação. Esse tipo de sonoplastia deve ser utilizado com parcimônia e cuidado.
16. Antes de produzir, redigir ou editar uma reportagem, procure ordenar as suas anotações, agrupando os dados por semelhança. Com o tempo, você vai fazer isso quase automaticamente.

A reportagem[21]

A palavra reportagem remete tanto, de forma mais ampla, à atividade em si do repórter na apuração de notícias quanto à transmissão destas diretamente por ele, de preferência ao vivo, do palco de ação do fato. Neste último caso, como conteúdo jornalístico, engloba mensagens que esse profissional emite, com ou sem a fala de entrevistados e independentemente da forma de contato realizada com essa fonte ou do tipo de assunto ou tratamento dado aos temas abordados. De modo geral, constitui-se em uma ampliação quantitativa, por exemplo, em relação às notas das sínteses noticiosas. No entanto, carregando em si uma grande carga das impressões pessoais de quem a realiza e/ou explorando o contexto do fato, a reportagem pode adentrar o terreno do jornalismo interpretativo. Dependendo do assunto ou do enfoque, pende ainda para o utilitário – no serviço à população, por exemplo – ou para o diversional – nas histórias de vida daquela fonte que é nela abordada.

A apuração da notícia

"Instrumento essencial na busca da notícia", como define Octávio Bomfim (1969, p. 47) no mais clássico dos textos sobre apuração publicados no Brasil, o repórter utiliza uma série de estratégias ou até subterfúgios para obter os dados relativos ao fato e, com base nos critérios editoriais e no Código de Ética profissional, transformá-los em informação jornalística. O então professor da Pontifícia Universidade Católica do Rio de Janeiro (PUC-RJ) salienta que o "bom repórter é, também, um bom apurador" (Bomfim, 1969, p. 43). Mas o que significa este processo conhecido como apuração da notícia?

> Investigação, levantamento e verificação dos dados e elementos de um acontecimento, para transformá-lo em notícia. Para apurar uma notícia, o repórter deve informar-se o mais que puder sobre fatos e circunstâncias, a fim de transmiti-los com seus dados essenciais para os leitores. Uma notícia pode ser apurada: diretamente na fonte ou por meio de uma área oficial. Na falha dos modos anteriores, pelo cerco por meios paralelos, ou seja, procurando-se outras

---

21. Em algumas regiões, é mais comum o uso da expressão "boletim do repórter".

pessoas ou instituições que possam, indiretamente, fornecer indicações que levem ao informe desejado (Rabaça; Barbosa, 2001, p. 37).

De acordo com Octávio Bomfim (1969, p. 43), nesse processo, o repórter procura, em última análise, responder àquelas questões básicas que o escritor e jornalista Rudyard Kipling usou em um conto para descrever a curiosidade em relação ao desconhecido[22]:

> [...] sabendo-se o que (*what*) ocorreu; por que (*why*) ocorreu; quando (*when*) ocorreu; onde (*where*) ocorreu; como (*how*) ocorreu, e, sobretudo, quem (*who*) estava envolvido na ocorrência, têm-se os elementos essenciais da notícia. Tudo o mais é desenvolvimento dessas indagações básicas.

O mesmo autor aponta, ainda, cinco formas de apuração, das quais quatro podem ser identificadas, na atualidade, entre as práticas cotidianas dos repórteres. A quinta, de fato, como descrita a seguir, mescla-se às demais:

Observação direta

"Maneira mais eficiente de apuração" (Bomfim, 1969, p. 46), a observação direta realizada pelo repórter no próprio palco dos acontecimentos permite a ele, como testemunha, descrever o ambiente e a ação que nele ocorre, identificando circunstâncias e verificando reações e envolvimentos dos protagonistas. Em radiojornalismo, o profissional faz da agilidade na apresentação da notícia uma busca constante. Essa necessidade reforça a importância dessa forma básica de apuração: "Quanto mais experimentado for o repórter, a ida ao local facilita a compreensão do significado do fato e possibilita dar um colorido especial [...], impossível de obter de outra maneira".

Coleta

Um repórter, pela natureza de alguns acontecimentos ou pelas dificuldades de sua rotina de trabalho, nem sempre pode se deslocar até o palco de ação. Nesse caso,

---

[22]. Trata-se de "The elephant's child", publicado no livro de contos infantis *Just so stories*, de 1902.

recorre a assessores de imprensa, protagonistas e testemunhas, procurando, assim, obter os dados necessários à composição da notícia.

Levantamento

Mesmo de interesse público, a divulgação de certos assuntos, por suas características, não interessa aos seus protagonistas. Incluem-se nessa categoria, por exemplo, os casos de corrupção. Presente em toda atividade noticiosa baseada em reportagem, a investigação jornalística ganha outra abrangência. Confrontado com os que calam ou encobrem um fato, o profissional tem de levantar os dados necessários em "conversas ocasionais, através de informações confidenciais ou pela sua própria observação" (Bomfim, 1969, p. 46).

Despistamento

Esgotadas as possibilidades da observação direta e da coleta e com o fato enquadrando-se em categoria semelhante à que obriga à apuração por levantamento, o repórter pode usar de artifícios que envolvem o "emprego de recursos circunstanciais para levar alguém a fazer revelações de fatos que gostaria de conservar em segredo, ou para colher diretamente as informações desejadas" (Bomfim, 1969, p. 46). Embora referindo-se a uma situação ocorrida na segunda metade da década de 1960, o exemplo a seguir, envolvendo um repórter carioca e citado pelo então professor da Pontifícia Universidade Católica do Rio de Janeiro, Octávio Bomfim (1969, p. 46), descreve bem o despistamento, técnica de apuração na qual o repórter tem de demonstrar apurado senso de oportunidade:

> Quando o presidente Eduardo Frei, do Chile, transitou pelo Galeão, em sua viagem à Europa, houve um encontro seu com o então presidente Castelo Branco. O protocolo previa uma conversa particular entre os dois chefes de Estado. Pois bem, o repórter colocou-se bem próximo dos dois presidentes e ouviu toda a conversa, sem ser molestado. Isso porque os brasileiros pensavam que ele pertencia à segurança de Frei e a comitiva chilena achava que ele era da segurança brasileira. Evidentemente, o repórter não cometeu a ingenuidade de anotar o que ouvia; confiou na memória, esse extraordinário auxiliar do bom repórter.

Pode-se argumentar a respeito desse exemplo que, na atualidade, dificilmente um repórter conseguiria passar pelos rígidos esquemas de segurança montados. Observe-se, no entanto, que a situação descrita por Bomfim ocorreu no início da ditadura militar, quando a liberdade de expressão se encontrava já duramente cerceada.

Se realizado com irresponsabilidade, o despistamento pode se constituir, no entanto, na forma mais controversa de obtenção de uma notícia, podendo levar o profissional a incorrer em graves problemas éticos. Exemplo corrente é o do repórter que se passa por consumidor para demonstrar abusos por parte de comerciantes, gravando, de modo furtivo, o áudio de uma conversa. Nesse caso, o uso dessa técnica de apuração chega a ser condenado por alguns autores:

> Gravar entrevista sem o conhecimento da pessoa, jamais, seja quem for. A busca da audiência incentiva o jornalista a gravar entrevista ou colocar o entrevistado no ar sem o seu conhecimento. É uma falsa atitude de jornalismo investigativo. Além de caracterizar invasão de privacidade, essa atitude põe em risco a integridade dos personagens que são julgados pela opinião pública por frases isoladas ou declarações truncadas fora do contexto. Levar gravador escondido e mentir sobre as intenções conduzem o jornalista a falsas apurações. Algumas emissoras incentivam essas práticas, aceitas por jornalistas ávidos em ajudá-las e interessados em conservar o emprego e conquistar a fama. [...] Nenhum jornalista está autorizado a fazer qualquer coisa para conseguir o que acha que é uma boa finalidade. (Barbeiro; Lima, 2003, p. 19)

De fato, nessas situações, o repórter confunde seu papel com aquele próprio da investigação judiciária ou policial, extrapolando os limites do jornalismo.

Análise

Ao final da década de 1960, quando Octávio Bomfim publica seu artigo, o gênero jornalístico conhecido como interpretativo começa a ganhar espaço na imprensa brasileira, tendo por principais expressões o vespertino Jornal da Tarde, da família Mesquita, e a revista mensal Realidade, da Editora Abril, ambos em São Paulo. Daí a inclusão, entre as formas de apuração, do que o autor chama de análise, "o processo pelo qual o repórter faz um exame crítico e a confrontação dos fatos presentes e passados, a fim de dar ao leitor o panorama e a perspectiva de um acontecimento" (Bomfim, 1969, p. 46). Na atualidade, pode-se dizer que, dentro do possível e independentemente da forma pela qual se apura a notícia – observação direta, coleta, levantamento ou despistamento –, essa contextualização analítica deve ser buscada. Quanto mais a reportagem radiofônica se aproximar do gênero interpretativo, melhor para o ouvinte.

A estrutura da reportagem

Em sua formulação, a reportagem possui alguns elementos básicos – cabeça, ilustração ou sonora, encerramento e assinatura – que devem se relacionar de modo harmonioso na construção da mensagem. Em noticiários, esse tipo de material noticioso pode ser anunciado por uma manchete no início do informativo. Normalmente, uma chamada na voz do apresentador ou locutor precede a veiculação da reportagem. A manchete, a chamada, a abertura do boletim e o trecho em áudio com entrevista devem ser convergentes ou complementares.

Manchete e chamada

Formas de introduzir a reportagem levemente diferentes uma da outra. A manchete (veja o Exemplo 39) não chega a citar o nome do repórter e pode ser dita por ele ou por um apresentador ou locutor na abertura de um radiojornal, por exemplo. Já a chamada (veja o Exemplo 40) é sempre lida por um apresentador ou locutor e, em geral, inclui o nome do repórter. Ambas resumem o assunto a ser abordado.

```
12345678901234567890123456789012345678901234567890123456789012345678901 2

Luiz Carlos Prestes retorna amanhã ao Brasil depois de quase nove anos
de exílio.//
```
Exemplo 39 – Manchete

```
12345678901234567890123456789012345678901234567890123456789012345678901 2

Prestes chega amanhã ao Rio de Janeiro, defendendo a legalização do P-C-B./
Repórter Fulano de Tal.//
```
Exemplo 40 – Chamada

A reportagem em si

A reportagem – conhecida, em algumas regiões do país, como boletim[23] – pode ser transmitida ao vivo, ser gravada ou combinar a fala do profissional de microfone direto no ar com um trecho de uma entrevista anteriormente realizada ou de um áudio com som ambiente. A opção por uma ou outra forma depende dos recursos técnicos e da situação encontrada pelo jornalista ou radialista no palco de ação do fato.

Em termos estruturais, inclui ou não uma ou duas ilustrações ou sonoras. Essas duas palavras são usadas como sinônimos, mas possuem uma leve diferença. Ilustração é um trecho de entrevista ou de som ambiente que faz parte da reportagem. Já sonora constitui-se em expressão originalmente usada em televisão, quando filmes eram empregados para o registro de imagens. Como, na maioria das vezes, as emissoras daquele meio utilizavam dois tipos de película – a muda, para as imagens em geral, e a sonora, para as declarações das fontes –, disseminou-se o uso como equivalente de entrevista. Da TV, essa utilização chegou rapidamente ao rádio. Portanto, ilustração tem um sentido mais amplo, de qualquer áudio além da voz do repórter, enquanto sonora remete mais à entrevista em si.

Em geral, a reportagem ao vivo acompanha simultaneamente o desenrolar do fato, exigindo grande habilidade do repórter por implicar um bom grau de improviso. Essa opção dá ao ouvinte um quadro de imagens mentais formadas pelo som ambiente que serve de fundo ao relato do jornalista. Se houver a possibilidade de se preparar para o improviso, deve-se selecionar informações adicionais que permitam a continuidade de uma transmissão na qual, por vezes, a ação cessa. Outro artifício é a realização de entrevistas que sustentam a cobertura. Vale, no entanto, a observação de Nilson Lage (1987, p. 41-42):

> [...] o jornalismo radiofônico não escapa da regra geral: quanto menos se improvisar, melhor. O ideal é escrever antes o que se vai dizer e, se se trata de acompanhar um evento, narrando-o, deve-se dispor de todo material que puder ser pesquisado previamente: biografias, históricos, perfis, roteiros de desfiles. A fala vazia, para ocupar tempo, é desastrosa.

---

23. Em outras, o termo remete à síntese noticiosa. Nesta obra, portanto, diferentemente do que fazem outros autores – por exemplo, Gisela Swetlana Ortriwano (1985, p. 93) –, a palavra "boletim" é usada como sinônimo de reportagem.

Nas reportagens gravadas, de um lado perde-se a autenticidade fornecida pela simultaneidade com o fato, mas se ganha em possibilidades de montagem. Assim, a alternativa da gravação pode agilizar o naturalmente conturbado trabalho em uma emissora de rádio. O repórter, nesse caso, pode ou não usar entrevistas. Na realidade, a reportagem seca, sem declarações em áudio, é mais pobre, mas dependendo da situação torna-se inevitável o seu uso. É a opção ideal quando se possui pouquíssimo tempo para a reportagem dentro de um programa específico.

A colocação de um trecho de uma fala da fonte depende da disponibilidade de equipamento e do próprio entrevistado. Sempre que possível, a regra é, como define Victor Silva Lopes (1982, p. 82): "Entre a citação duma declaração e a própria declaração, o jornalista de rádio não deve hesitar: preferirá sempre o som da notícia".

A estrutura básica de uma reportagem gravada com sonora (entrevista) inclui, além desse elemento, cabeça, encerramento e assinatura.

Cabeça	Introdução que resume o assunto a ser desenvolvido no texto. Corresponde ao lide da imprensa escrita.
Ilustração ou sonora	Trecho editado da entrevista realizada pelo repórter com a fonte.
Encerramento	Informação complementar. Em geral, é acompanhada da identificação do entrevistado.
Assinatura	Local de onde a informação é transmitida e a identificação do repórter. Por vezes, inclui o nome do programa, o de um patrocinador ou um *slogan* da emissora.

Figura 42 – Elementos de uma reportagem

No caso de reportagens produzidas por telefone sem que o profissional saia da emissora, o usual é localizá-la com a denominação do setor responsável pelas notícias na empresa: "Da Central de Jornalismo..." ou "Do Departamento de Jornalismo...".

No Exemplo 41, observe como os elementos detalhados na Figura 42 se articulam. A cabeça corresponde ao lide, procurando assegurar que o ouvinte manterá a atenção despertada pela chamada lida pelo apresentador, âncora ou locutor. O corpo do texto, articulado com trechos de entrevista(s), traz as informações hierarquizadas em ordem decrescente de importância (veja a Figura 43).

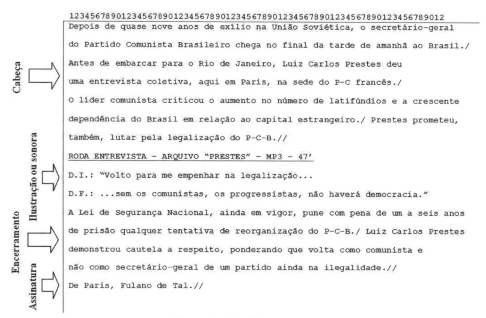

Exemplo 41 – Reportagem

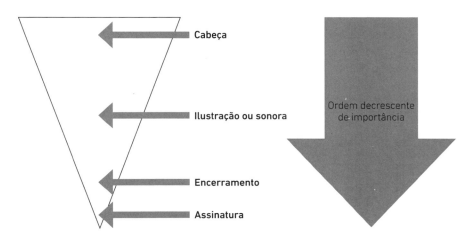

Figura 43 – Estrutura da reportagem com um trecho de entrevista

Ao utilizar dois trechos de entrevistas, é necessária a colocação de um texto de passagem (veja a Figura 44). Lembre-se de que somente em casos especiais cada parte poderá ultrapassar 30 segundos de duração. Raramente um fato comportará uma reportagem com mais de dois minutos.

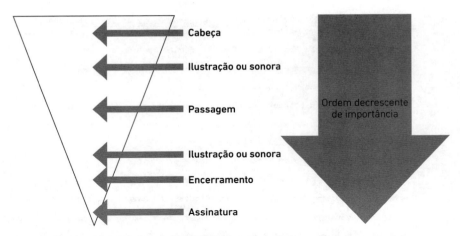

Figura 44 – Estrutura da reportagem com dois trechos de entrevista

No caso de duas ilustrações ou sonoras com entrevistados que apresentam pontos de vista divergentes, o repórter deverá ter cuidados redobrados com a abertura do seu boletim, optando pelo chamado lide dialético e explorando justamente essa contradição. Por exemplo, ao cobrir um movimento grevista, penderia para uma das partes retratadas caso iniciasse a reportagem pela posição dos patrões ou pela dos trabalhadores. Pode, no entanto, mantendo certo distanciamento, destacar na abertura do boletim a discrepância entre o índice de adesão informado pelos empresários – baixo – e o repassado pelos grevistas – alto.

Montagem

Algumas recomendações a respeito:

1. Antes de iniciar a montagem, ouça o material gravado, selecionando os trechos que serão utilizados.
2. No caso de a montagem ser feita por um operador de áudio, redija a reportagem anotando deixas inicial (D.I.) e final (D.F.). Se possível, cronometre o trecho da entrevista que vai ser utilizado. Obviamente, se você mesmo for fazer a edição, essa prática deixa de ser necessária.
3. Entrevistas com problemas de áudio só devem ser levadas ao ar em casos extraordinários: depoimentos de fontes normalmente inacessíveis, trechos de conversas telefônicas entre implicados em casos de corrupção etc.

4. Após a fala da fonte, procure identificar esse entrevistado, acrescentando alguma informação final relacionada a ele. Assim, ganham-se concisão e fluência. Evite, portanto, encerrar a reportagem com chavões do tipo "Este foi Fulano de Tal".
5. Não repita no texto o que o entrevistado diz na gravação.
6. Caso haja áudio de fundo, evite emendas nas declarações do entrevistado. É provável que o ouvinte não perceba o corte na voz da fonte. Entretanto, o som de fundo apresentará um pequeno salto perceptível.
7. Ao emendar declarações, cuide para que o trabalho final tenha coerência e para que não sejam alteradas as ideias do entrevistado.
8. Caso seja possível, sugira manchetes e/ou chamadas a editores e produtores, procurando ajustar o conteúdo destas ao do seu texto.

A grande reportagem

Também conhecida como reportagem especial ou reportagem em profundidade, a grande reportagem constitui-se em um meio-termo entre a reportagem comum, aquela do dia a dia, e o documentário. Aparece como ampliação quantitativa e, muito mais profundamente, qualitativa do trabalho usual e cotidiano corporificado nos boletins dos repórteres de uma emissora de rádio. Não chegando a ter a abrangência de um documentário, adentra o terreno do jornalismo interpretativo. E, para dar conta da contextualização pretendida, por vezes o assunto é dividido em vários boletins irradiados ao longo de uma sequência de dias ou de edições de determinado programa, podendo mesmo ter suas partes veiculadas em vários horários ao longo da programação. Em outros casos, aproxima-se mesmo do gênero diversional, por exemplo, ao expor com criatividade a história pessoal de alguém, explorando na narrativa não ficcional um texto mais literário, ao qual se juntam os recursos de sonoplastia próprios do rádio. Nesse processo, então, há uma possível mistura de jornalismo e dramaturgia.

Abordagens mais comuns

Há várias maneiras de abordar, jornalisticamente e em profundidade, um acontecimento, seus protagonistas, suas testemunhas e seus possíveis analistas. Na tradição do jornalismo dos Estados Unidos, Muniz Sodré e Maria Helena Ferrari (1986, p. 45-65) descrevem perspectivas que priorizam: (1) o fato ou, no caso dos ocorridos de modo inter-relacionado, os fatos em si – *fact-story*; (2) a ação e, portanto, a narrativa obrigatoriamente a explorar o dinamismo desta – *action-story*; e (3) as citações e, assim, opiniões e descrições do ponto de vista da(s) fonte(s) – *quote-story*.

Por exemplo, tomando-se a preparação de um conjunto de grandes reportagens a respeito de um fato histórico como o golpe militar de 1964, cuja veiculação se justifica pela ocorrência de uma data redonda – 50, 60, 70 anos do golpe –, realiza-se uma reportagem essencialmente descritiva a respeito do que foi o resultado da mobilização de setores da burguesia brasileira e das forças armadas, culminando, em 31 de março e 1º de abril de 1964, com a derrubada do governo constitucional do presidente João Goulart. Para tanto, além de trecho(s) de entrevista com um historiador, utilizam-se áudios de época e mesmo músicas que fazem referência ao período. Constrói-se, assim, uma *fact-story*. Para a mesma série, busca-se recuperar cronologicamente a fuga de Jango para Porto Alegre e seu posterior exílio no Uruguai, descrevendo momento a momento a trajetória do presidente entre o início do levante golpista e sua fuga no dia 4 de abril de 1964. Nesse caso, são usados trechos de depoimentos de protagonistas e testemunhas, relatando os fatos e opinando a respeito destes; trilhas, acentuando momentos de tensão; e efeitos sonoros, criando a ideia do movimento de blindados e tropas, além da descrição do deslocamento de Goulart até o aeroporto, em Porto Alegre, e da decolagem do voo para o exílio. Ao centrar o trabalho em uma narrativa quase cinematográfica, essa segunda reportagem vai se caracterizando como uma *action-story*. Finalizando a série, prepara-se um material essencialmente baseado em uma entrevista exclusiva com a esposa do ex-presidente, Maria Thereza Goulart. Essa terceira reportagem complementa, desse modo, as duas anteriores e conforma-se em uma *quote-story*.

A variação de abordagens – de fato, complementares – dos exemplos anteriores vai ao encontro de uma tendência verificada em muitas emissoras brasileiras dedicadas ao jornalismo: a divisão do conjunto do conteúdo em vários boletins, podendo o profissional optar por um mesmo tratamento para cada uma dessas partes ou, conforme as possibilidades do assunto enfocado, diferenciando-os e, como no exemplo, combinando uma *fact-story* com uma *action-story* e uma *quote-story*, tudo podendo ser enriquecido pela aplicação de músicas e efeitos sonoros. A respeito do uso de sonoplastia na cobertura e transmissão dos fatos, um recurso, em termos de Brasil, restrito às grandes reportagens, vale a ideia de David Welna descrita por Waldir Ochoa (2002):

> Os sons em rádio são o equivalente das fotografias que acompanham uma reportagem na imprensa escrita. Dão uma ideia mais gráfica do tema tratado. Levam o ouvinte ao lugar da notícia de uma maneira que as palavras de modo isolado não conseguem fazer. Os sons podem ser os do ambiente, podem evocar o que passou no momento do fato ou, ainda, apresentar as vozes daqueles que conhecem os detalhes da notícia.

A respeito, no entanto, vale o alerta de Eduardo Meditsch (2001, p. 179):

> No jornalismo, existe um princípio ético que limita a manipulação da realidade referente. Como os sons da realidade a que se refere o jornalismo não podem ser criados artificialmente, o mundo que o rádio informativo transmite será sempre mais pobre, no sentido formal, do que aquele construído pela arte radiofônica, com a mesma linguagem.

A grande reportagem pode, desse modo, incorporar recursos de sonoplastia. Os efeitos sonoros, no entanto, devem ser usados com parcimônia e dentro do ocorrido efetivamente no ambiente dos acontecimentos. O uso de trilhas musicais segue, também, ideia semelhante: instrumentais auxiliam na pontuação e criam climas, enquanto a letra em si pode acrescentar informação. Mesmo assim, na narrativa, predomina a palavra do repórter. E aí vale outro alerta de Meditsch (2001, p. 179): "A seletividade do ouvido apaga imediatamente da consciência tudo o que não é relevante". A notícia vai estar sempre no texto; o restante serve apenas para reforçá-la.

A realização da grande reportagem

Espécie de documentário em versão reduzida, a grande reportagem ou reportagem especial exige mais planejamento que a maioria das coberturas cotidianas realizadas por um profissional de rádio. Sugerem-se, a seguir, alguns procedimentos no sentido de facilitar esse processo:

1. Sempre que possível, pesquise o assunto da grande reportagem em fontes bibliográficas confiáveis.
2. Com base nos dados disponíveis, planeje-se, elaborando um pequeno cronograma que vai depender da forma como você pretende abordar o tema.
3. Liste possíveis entrevistados, diferenciando especialistas, protagonistas, testemunhas...
4. No caso de assuntos que suscitam posições contraditórias, identifique prováveis entrevistados contra e a favor.
5. Quando o tema envolver conteúdo histórico, busque documentos sonoros que possam agregar conteúdo à sua reportagem.
6. Selecione, se necessário, trilhas que possam dar mais ritmo à narrativa. No entanto, se julgar inadequado, descarte essa possibilidade, optando por um boletim mais limpo e objetivo.
7. Procure distribuir o conteúdo em unidades que possam dar origem a vários boletins ou apenas integrar uma única reportagem.
8. A duração ideal – algo sempre difícil de estabelecer por depender do interesse do ouvinte, passando pela criatividade e propriedade na elaboração – de uma reportagem especial deve estar entre cinco e dez minutos. Caso exceda esse limite, analise a possibilidade de divisão do conteúdo em mais boletins ou mesmo de transformar sua reportagem em um documentário.

ATENÇÃO
Lembre-se de que a concisão e a clareza são características básicas de qualquer produto radiofônico. Entre estender o assunto, correndo risco de diminuir o interesse do ouvinte, e reduzir a reportagem, concentrando-se somente no essencial, não hesite e descarte o que é supérfluo.

9. Se decidir dividir o conteúdo em vários boletins, procure variar as formas de abordagem, como já exemplificado aqui: reportagens de fatos, de ação e/ou documental.

Especialização

Especializar o trabalho do repórter significa dedicá-lo exclusivamente ao acompanhamento diário do que ocorre em determinada área de interesse da sociedade.

RÁDIO

Essa cobertura pode representar um trabalho jornalístico em um lugar determinado (aeroportos, departamentos de trânsito, plantões policiais, hospitais de pronto--socorro, palácios governamentais, assembleias legislativas, câmaras de vereadores, entidades sindicais, clubes de futebol, federações esportivas...) ou em um ramo específico da atividade humana (economia, educação, esportes, geral, polícia, política, sindical...). Em rádio, nos dois casos, o repórter especializado é conhecido como setorista, trabalhando com ou sem uma pauta predeterminada.

Figura 45 – Principais setores na reportagem especializada

Embora, por distorção de mercado, o repórter especializado não seja figura frequente nem mesmo em grandes emissoras, a setorização dá mais qualidade ao noticiário. O repórter conhece o assunto e suas fontes. O material produzido torna--se mais preciso e aprofundado, daí a sua importância e necessidade. A seguir, são descritos alguns focos de especialização da reportagem radiofônica.[24]

---

24. Por exigir, em geral, uma área organizacional autônoma, dada sua abrangência e importância dentro de uma emissora, a cobertura esportiva aparece em capítulo próprio.

Cobertura policial

Em rádio, a reportagem policial aparece basicamente com dois tipos de tratamento: o do rádio popular e o do jornalismo tradicional. No primeiro, o mais rotineiro fato policial é quase dramatizado em uma mensagem de apelo fácil e, não raro, com o comunicador assumindo uma posição paternalista e policialesca, em que a adjetivação campeia. Explora, assim, a curiosidade, a aventura, o conflito, o sexo, o suspense, o dinheiro, a vida e a morte... No segundo, há um distanciamento crítico do profissional em relação às fontes. A linguagem é a corrente no radiojornalismo. O repórter relata apenas os fatos de grande interesse (sequestros, assassinatos ou roubos envolvendo pessoas proeminentes na sociedade, casos de corrupção relacionados com policiais, abuso dos direitos humanos, acidentes e incêndios graves, tráfico de drogas, assaltos a banco...). Nessa abordagem, como em qualquer área de ação do jornalista, o Código de Ética e os critérios informativos regem o trabalho.

Nos dois casos, o repórter policial acompanha a rotina de trabalho das forças de segurança e do sistema prisional. Nesse processo, conquista fontes e atua também com base em uma espécie de ronda telefônica: alguém na emissora, de tempos em tempos ao longo do dia, verifica as últimas ocorrências ligando para os plantões das polícias civil, militar e rodoviária, hospitais de pronto-socorro, grupamentos de bombeiros etc.

Cobertura geral

O repórter de cobertura geral é considerado, entre os jornalistas, um tipo de especialista em coisa nenhuma, forma simplista de definir a abrangência do seu trabalho. Na realidade, o setor desse profissional é tudo o que não se relaciona de modo direto com política, economia, polícia e esporte. O repórter atua, assim, na cobertura de acontecimentos nas áreas sindical, de educação, de saúde, de serviços públicos, de cultura, de ecologia etc.

Cobertura econômica

Em um país subdesenvolvido e que, ao mesmo tempo, é uma das maiores economias do mundo, a cobertura dessa área de interesse da sociedade requer conhecimento e extremo cuidado. O rádio tem a árdua tarefa de traduzir o economês para o ouvinte, tornando acessíveis conceitos complexos em uma área extremamente relacionada com a sobrevivência do ouvinte.

Cobertura política

O repórter político está sujeito a pressões que visam à sua cooptação pela fonte para abrir espaço a determinada tendência ou partido, divulgando opiniões sem valor e não informações. Nesse caso, a necessidade do ouvinte dá lugar à vaidade pessoal do político e à falta de capacidade ou de profissionalismo do repórter. Há, ainda, as restrições provenientes dos que detêm o poder, como analisa Luiz Amaral (1982, p. 118):

> De todas as espécies de notícias – esportivas, econômicas, literárias, da cidade – a notícia política é a que sofre maior número de restrições. Nos regimes de força, é ela aproveitada para educar as massas. Nos regimes democráticos, sua liberdade conhece todos os matizes. Existem a censura governamental, a autocensura dos jornais, a censura dos grupos econômicos. Torna-se censura total quando de acontecimentos de maior significação como revoluções, tomadas de poder, fatos não raros em vastas áreas de países subdesenvolvidos e em vias de desenvolvimento.

Esse problema, obviamente, aumenta no caso das emissoras controladas por políticos ou por empresários ligados a eles.

Cobertura judiciária

Não existem, em geral, repórteres destinados específica e diariamente à cobertura do Poder Judiciário. Entretanto, o trabalho nessa área é consequência de fatos acompanhados por repórteres em qualquer um dos setores aqui analisados. Por exemplo, a solução para uma greve, assunto acompanhado pelo setorista de geral, pode passar pela justiça trabalhista. A prática do jornalismo com o Poder Judiciário exige extremo cuidado por parte do repórter na transposição da linguagem legal para a coloquial. É necessário um conhecimento básico de direito. No mínimo, o profissional deve se deixar reger pelo bom senso, admitindo o seu desconhecimento do assunto e recorrendo a uma fonte gabaritada.

9. A entrevista

A entrevista implica um contato entre duas pessoas que, no caso do radiojornalismo, são representadas pelo repórter ou apresentador, de um lado, e por uma pessoa a gerar declarações relevantes para o público, de outro. Acrescenta-se, ainda, a presença de terceiros – os ouvintes – a acompanharem esse diálogo. A respeito, observa Robert McLeish (2001, p. 43): "O objetivo de uma entrevista é fornecer, nas próprias palavras do entrevistado, fatos, razões ou opiniões sobre um determinado assunto, de modo que o ouvinte possa tirar uma conclusão no que diz respeito à validade do que está sendo dito".

As primeiras entrevistas radiofônicas foram levadas ao ar nos Estados Unidos durante a década de 1920, como registra Peter E. Mayeux (1985, p. 181-83). Por sua vez, Juan Gargurevich (1989, p. 33) lembra como origem remota dessa técnica de obtenção de informações os diálogos propostos por Platão na Grécia antiga como forma de difundir os seus princípios filosóficos à base de perguntas e respostas. Não é diferente no jornalismo, área em que o contato com a fonte se constitui em um dos principais instrumentos para obtenção de informações.

Esse contato, em especial quando ao vivo e em programas, não deve ser confundido com uma relação idealizada como objetiva ou imparcial, condições distantes da realidade do jornalismo. Cada parte do processo – entrevistador, fonte e ouvinte – carrega sua bagagem pessoal, de formação como cidadão e de experiências cotidianas. Como observa Cremilda Medina (1986, p. 6-7), há a necessidade de encarar a entrevista como um diálogo e não um quase monólogo desprovido de sentido humano. Esses fatores não implicam, no entanto, ausência de certo exercício de autocontrole por parte do profissional. Como toda forma de obtenção de informações – um conhecimento –, a entrevista presta-se a uma análise da relação entre o sujeito, aquele que conhece, e o objeto, que está por se revelar. Primeiro, estabelece-se um processo de busca por conhecimento entre o entrevistador e quem se dispõe a fornecer esclarecimentos, relatar fatos, emitir opiniões, indicar serviços ou expressar sentimentos. Ao mesmo tempo que a entrevista ocorre, no caso das irradiações ao vivo, ou posteriormente, nas baseadas em gravação, o público torna-se um novo sujeito a buscar o conhecimento oferecido na inter-relação entrevistador-entrevistado.

Observe a Figura 46. Se a informação a ser apreendida fosse representada pela esfera levemente irregular colocada na frente de cada observador, nenhum deles poderia, de seus pontos de vista particulares, ter uma ideia completa. Cada fonte, do mesmo modo, constitui-se em um sujeito que conhece e passa a sua informação ou posição ao profissional de rádio. Este último desempenha um duplo papel: o de quem está a conhecer – em relação a cada um dos que entrevista a respeito de dado tema – e o de quem está a dar a conhecer – em relação ao ouvinte.

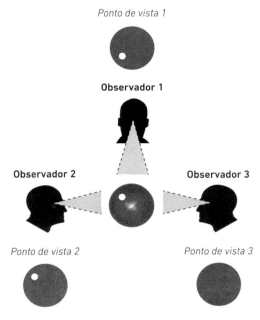

Figura 46 – Os diversos sujeitos e os seus pontos de vista a respeito do objeto

Ao entrevistador, cabe estar aberto, portanto, às várias versões existentes a respeito do assunto em pauta. Para conduzir esse processo a bom termo, ele tem de relativizar seus posicionamentos pessoais, superando barreiras como:

- os preconceitos e as opiniões próprias a respeito do assunto em si e da fonte;
- a utilidade da informação para ele mesmo;
- as suas necessidades como ser humano no momento do contato com o entrevistado (por exemplo, o cansaço e o sono atrapalham o processo);
- os seus interesses pessoais (o entusiasmo em relação ao assunto ou ao entrevistado pode encobrir aspectos negativos passíveis de ser noticiados);
- o argumento de autoridade da fonte (o especialista fala e, muitas vezes, aceita--se acriticamente o que ele diz);
- o senso comum (o famoso é porque é, impedindo qualquer análise crítica a respeito do fato ou da opinião);
- a experiência individual não testada (falta de vivência anterior na situação do momento);
- a bagagem cultural do indivíduo (tanto a sua quanto a do entrevistado).

Tipos de entrevista

Fraser Bond (1962, p. 123) define entrevista como um contato pessoal entre um jornalista e a fonte. O profissional, nesse caso, representa "o direito do público a conhecer certas coisas". Baseando-se na clássica categorização do então professor da Universidade de Nova York, na qual predomina um enfoque direcionado à imprensa escrita, e na forma como esta aparece adaptada à realidade brasileira por Carlos Alberto Rabaça e Gustavo Guimarães Barbosa (2001, p. 272-73), identificam-se cinco tipos passíveis também de aplicação ao rádio: (1) noticiosa, (2) de opinião, (3) com personalidade, (4) de grupo ou enquete e (5) coletiva.

Entrevista noticiosa
É aquela que procura extrair informações do entrevistado, objetivando a narrativa de um fato. Importa, portanto, possibilitar a descrição do que aconteceu.

Entrevista de opinião

Colhe o ponto de vista do entrevistado sobre um assunto. Nesse caso, a relevância da fonte determina, em parte, a qualidade e a credibilidade das declarações.

Entrevista com personalidade

A base do interesse jornalístico deixa de ser a informação que o indivíduo possui ou a sua opinião sobre o fato. "Aqui, como um retrato pessoal, a ênfase tende a realçar não tanto o que a pessoa diz, mas como e onde e por que diz" (Bond, 1962, p. 127). O profissional, portanto, tenta mostrar quem é o entrevistado: seus aspectos pessoais e biográficos, suas preferências, seu estilo de vida...

Entrevista de grupo ou enquete

O repórter questiona diversos indivíduos sobre um mesmo assunto na tentativa de apresentar uma ideia média a respeito do que determinado conjunto de pessoas pensa a respeito. Essa prática, no entanto, não pode ser confundida com uma verdadeira pesquisa de opinião. Não há cientificidade, e o resultado apenas ilustra o material informativo. Em rádio, a realização de enquetes vem perdendo espaço para a consulta mais direta por meio das redes sociais.

Entrevista coletiva

O entrevistado atende, ao mesmo tempo, profissionais de veículos diversos. Em geral, a entrevista é prevista com antecedência e inicia com a pessoa fazendo um breve relato do assunto motivador do contato com os repórteres. Algumas emissoras transmitem ao vivo as coletivas de personalidades no caso de assuntos e/ou momentos relevantes (por exemplo, o presidente da República, um ministro ou mesmo um astro da música pop).

Processo de entrevista

A entrevista radiofônica é um meio-termo entre a investigação e a conversa, possuindo elementos de ambas. A diferença entre a entrevista em ciências sociais e a conversação pura e simples é definida por João Bosco Lodi (1971, p. 27):

A entrevista difere da conversação em inúmeros aspectos, se bem que seja uma forma estruturada de conversação. Uma das funções da conversa é a análise da autoexpressão. Na entrevista, essa satisfação é atendida em escala menor do que na conversação. Outra função da conversa é terapêutica, isto é, libera tensões. Na entrevista comum (não aconselhamento), a necessidade de liberar tensões também é atendida em escala menor, pois não é objetivo central da entrevista de investigação ou de avaliação. A conversação tem ainda o fator ritual, uma troca de palavras e saudações fixas sem um sentido objetivo. Na entrevista, o ritualismo é reduzido à menor expressão para poupar tempo para os aspectos não rituais, isto é, racionais, deliberados e conscientes que constituem também o objetivo central da entrevista.

Diferenciando-se ainda destas, a entrevista em rádio implica uma relação entre três interlocutores: o profissional, o entrevistado e o ouvinte. Quem conduz o diálogo representa o público; é o intermediário do processo, como descreve George Hills (1990, p. 35):

> Ante os olhos do entrevistado, o entrevistador é a encarnação daquele ouvinte invisível que está em algum lugar. Por outra parte, para o ouvinte, o entrevistador é seu representante. Portanto, o entrevistador tem dois deveres: primeiro: extrair do entrevistado a informação que interessa ao ouvinte [...], e, em segundo lugar, assegurar que o dito pelo entrevistado resulte inteligível e, também, interessante para o ouvinte [...].

Em qualquer processo de entrevista, é importante ainda atentar para a constatação de Eduardo Meditsch (2001, p. 205) sobre a dependência do discurso jornalístico em relação às declarações: "O discurso sobre fatos é substituído por um discurso sobre declarações. As declarações – os discursos de outrem – passam a mediar a relação entre o discurso jornalístico e os fatos". Há, portanto, de dimensionar a real abrangência do que é dito pelo entrevistado. Na descrição do fato, a declaração de alguém constitui-se em uma versão apenas, aumentando-se a cautela no caso das opiniões, reflexo ainda maior de posições pessoais ou de grupo.

Dessa forma, tendo o entrevistador papel de mediação ao longo do processo, estabelecem-se, como destaca Emilio Prado (1989, p. 58), vários fluxos informativos, que aparecem esquematizados na Figura 47, baseada em ilustração semelhante apresentada pelo professor da Universidade Autônoma de Barcelona. Há, como se observa, um fluxo bidirecional em que o comunicador e o entrevistado são, entre si, de modo alternado, emissor e receptor – comunicação interpessoal bidirecional. Do ponto de vista do ouvinte, no entanto, ambos emitem informação. O papel do comunicador, por sua vez, é instigar, provocando respostas, mesmo que estas possam chegar ao ouvinte espontaneamente – comunicação unidirecional direta – ou sejam provocadas pela atuação direta desse entrevistador – comunicação unidirecional diferida. Em paralelo, as observações, narrativas e descrições do profissional (apresentador ou repórter) estabelecem com o público uma comunicação unidirecional descritiva. Obviamente, influenciam no processo a familiaridade da audiência com o assunto e a empatia estabelecida entre o comunicador e seus ouvintes.

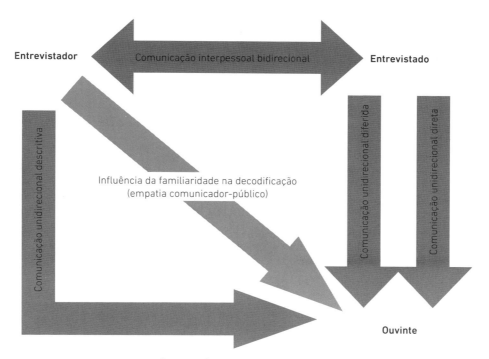

Figura 47 – Fluxos informativos na entrevista radiofônica

Fases da entrevista

A entrevista envolve um contato planejado com a pessoa caracterizada como fonte de informação. O profissional, portanto, prepara-se para tal e segue um roteiro de indagação com dose variável de improviso, dependendo do tempo disponível e da própria interação com o entrevistado e o assunto. Planejar uma entrevista significa pesquisar o tema e/ou a pessoa enfocada, estabelecendo um raciocínio a respeito que orienta o questionamento.

> É fundamental para o entrevistador saber qual o seu objetivo. A entrevista deverá estabelecer fatos ou discutir razões? Quais os principais pontos a serem abordados? Existem argumentos e contra-argumentos estabelecidos em relação ao tema? Há uma história a ser contada? O entrevistador obviamente precisa conhecer alguma coisa sobre o assunto, sendo bastante desejável um briefing por parte do produtor combinado com uma pesquisa própria. É essencial ter certeza absoluta a respeito de nomes, datas, números ou quaisquer fatos utilizados nas perguntas. É embaraçoso para o entrevistado, se ele for um especialista, corrigir uma pergunta, um erro factual, insignificante que seja. (McLeish, 2001, p. 45)

Três fatores, segundo Philippe Gaillard (1974, p. 76), interferem na realização da entrevista: (1) o assunto em si, (2) a atmosfera e (3) o caráter do entrevistado. O tema abordado condiciona as perguntas. Na relação entre o comunicador e a fonte, estabelece-se determinada atmosfera, um clima, que, com o caráter desse entrevistado, vai determinar o tom – formal ou informal – e o ritmo – normal ou rápido.

Em rádio, a transmissão pode se dar simultaneamente à realização – Figura 48. Caso, no entanto, a entrevista tenha sido gravada – Figura 49 –, a informação assim colhida deve ser tratada, ter seus trechos mais significativos selecionados e montados em uma sequência lógica sem comprometer o teor dos depoimentos, e somente após esse processamento a gravação montada será transmitida. Obviamente, pode-se ainda misturar uma explanação ao vivo com trechos editados com áudio de entrevista(s).

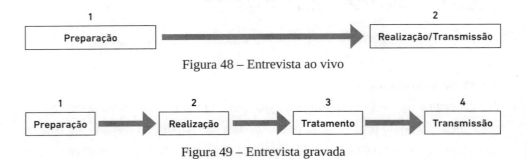

Figura 48 – Entrevista ao vivo

Figura 49 – Entrevista gravada

Independentemente do tipo ou do assunto da entrevista, alguns fatores sempre interferem na sua forma de realização:

- o estilo individual, a empatia com o público e as qualificações do entrevistador;
- as posições, o grau de informação e a representatividade do entrevistado;
- o tempo disponível para preparação e realização;
- a forma de transmissão (ao vivo, gravada ou mista);
- o tipo de assunto e de entrevistados;
- o estilo e o público da emissora (espontâneo, sério...).

Recomendações gerais

A realização de uma entrevista não é um processo aleatório e/ou instintivo, como consideram alguns. Exige conhecimento técnico e planejamento. A seguir, são listadas algumas recomendações para aprimorar a qualidade desse diálogo informativo.

1. Há uma regra simples, citada por Heródoto Barbeiro e Paulo Rodolfo de Lima (2003, p. 46): "A entrevista deve ter começo, meio e fim". Há uma lógica interna a ser preservada pelo condutor do processo, ou seja, o profissional de microfone. Procure, portanto, esgotar cada subtema dentro do assunto central da entrevista, antes de passar para outro.
2. Quem vai realizar uma entrevista deve estar preparado para tal. Munido de uma pauta, papel e caneta, pode acompanhar as opiniões, orientando-se e propondo novas questões com base nas respostas dadas. Embora em rádio nem todos os contatos desse tipo sejam gravados, não pode prescindir de ter à mão o equipamento necessário para tal prática: uma entrevista que poderia servir, por exemplo, apenas para conferir uma informação talvez se transforme em instrumento de revelações significativas, necessitando do registro de seu áudio.
3. A agilidade do rádio, no caso do repórter, impede a marcação prévia da maioria das entrevistas. Algumas fontes não compreendem a dinâmica interna de uma emissora de rádio. Convém explicar a elas a impossibilidade de agendar certas entrevistas com antecedência. Nos programas, na maioria das vezes, esse problema não ocorre.

4. O entrevistador deve conhecer o assunto minimamente, de forma que desencadeie o diálogo informativo. A pauta elaborada pelo produtor – para os apresentadores – ou pelo pauteiro ou chefe de reportagem – para os repórteres – é um instrumento importante nesse processo.
5. Ao jornalista ou radialista cabe deixar o entrevistado à vontade, desenvolvendo certa empatia sem abdicar da investigação em prol de alguma pretensa inclinação pessoal pelas opiniões da fonte.
6. Ao entrevistador, cabe o papel de condutor desse contato pessoal com a fonte. Em nenhum momento, a opinião do jornalista ou radialista vai se impor à do entrevistado, sobre quem se concentra o foco de interesse do público. É o que Walter Sampaio (1971, p. 68) chama de "consciência do primeiro plano", assim definida por ele:

> Este [o primeiro plano] é sempre o fato que se examina, simbolizado pelo entrevistado que o apresenta. Na medida em que o repórter ou entrevistador é um mero intermediário entre o público receptor e o fato, o entrevistado representa o fato. Portanto, o primeiro plano é ele, o entrevistado. Nesse sentido, as intervenções do repórter ou entrevistador, se não forem as de mero intermediário, se não buscam unicamente o maior esclarecimento do fato que se está sendo examinado, constituem invasão do primeiro plano.

7. Frente a qualquer entrevistado, seja respeitoso e cordial, nunca subserviente ou agressivo. Deixe o papel de investigar para as perguntas que você faz e não para alguma possível autoridade sua sobre a fonte.
8. O tratamento para o entrevistado é usualmente o cargo ou a função ocupada ou o pronome senhor. Em entrevistas com pessoas jovens, em especial nas rádios dedicadas a esse público, deve-se usar o tratamento você.
9. Ao longo da entrevista, procure identificar a pessoa que está sendo ouvida. O correto é fazer isso a cada duas ou três perguntas.
10. O repórter, ao transmitir ao vivo ou gravar entrevistas, precisa informar, fora do ar, a fonte para que esta responda de forma curta e objetiva, em especial no caso de pessoas não habituadas ao meio.
11. Lembre-se de que a entrevista radiofônica é, antes de tudo, uma conversa para ser ouvida por uma terceira pessoa, o ouvinte. Portanto, mesmo que saiba

tudo sobre o assunto enfocado, procure se colocar no lugar do público, conduzindo o entrevistado para o esclarecimento das dúvidas ou indagações de quem sintoniza a emissora.

12. Antes de gravar ou transmitir ao vivo uma entrevista, o repórter pode e deve conversar com a fonte, selecionando e organizando o que vai ser perguntado e respondido na sequência.
13. O repórter que acompanha uma coletiva deve procurar se posicionar próximo de quem vai falar, garantindo uma boa qualidade de som na gravação da entrevista. A prática de colocar o gravador sobre a mesa não garante um nível aceitável de som. Em geral, após a coletiva para todos os veículos, há um momento para que os profissionais de rádio e de televisão gravem o material a ser usado.
14. Ninguém é obrigado a dar uma entrevista. No entanto, o profissional de comunicação tem o dever, se necessário jornalisticamente, de informar quando a recusa ocorrer.
15. Como observa Robert McLeish (2001, p. 46), durante a entrevista há um equilíbrio entre conhecimento e ignorância, dois elementos que – pode-se acrescentar – são mediados pelo entrevistador. Esse comportamento é descrito como uma "ingenuidade esclarecida". O radialista ou jornalista sabe o seu objetivo e pode até mesmo conhecer mais sobre o assunto do que a média de seus ouvintes. No entanto, por dever de ofício, deve colocar-se no lugar do público e formular questões esclarecedoras a respeito do tema abordado.

Perguntas e respostas

A relação entre o profissional e a fonte é dinâmica e não estática. A entrevista constitui-se, desse modo, em um processo. Sua arte reside em um ciclo de saber perguntar, ouvir a resposta, reprocessar o que foi dito e questionar novamente, como descrito na Figura 50.

Como observa McLeish (2001, p. 44), "a maneira de formular uma pergunta é tão importante quanto o seu conteúdo, talvez até mais". Assim, deve-se atentar para alguns procedimentos mais ou menos comuns:

1. No jogo de perguntas e respostas de uma entrevista radiofônica, interferem três linhas de raciocínio: a do jornalista ou radialista, a do entrevistado e a do

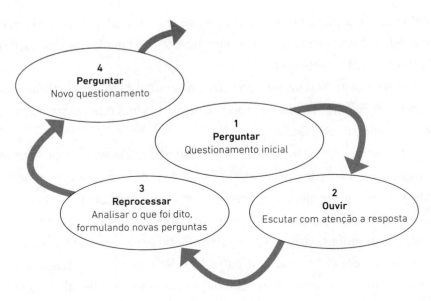

Figura 50 – Processo da entrevista

ouvinte. Quando a pessoa que está sendo entrevistada foge do assunto, deve ser reconduzida a ele pelo entrevistador, que controla todo o processo.

2. Considere que durante a entrevista há, como observa Cremilda Medina (1986, p. 30), "uma dinâmica de bloqueio e desbloqueio":

> De fato, as pessoas andam armadas umas em relação às outras. Então, no que se refere ao contato com jornalistas, o caso é mais grave. Por princípio, um jornalista diante de qualquer pessoa é, no mínimo, um invasor, um perturbador da privacidade, aquele tipo que quer tornar público o que o indivíduo nem sempre está disposto a desprivatizar. E, na pior das hipóteses (de desempenho técnico), o jornalista é aquele que deforma tudo o que se diz.

3. Seja direto. Faça uma pergunta de cada vez, não misturando raciocínios. Caso a resposta seja parcial ou incompleta, retome o assunto. Sobre perguntas e respostas, João Bosco Lodi (1971, p. 44-46) observa que a formulação de questões requer:

- visão clara dos objetivos a ser alcançados;
- vocabulário amplo;
- precisão no uso das palavras;

- análise crítica da realidade.

Quanto às respostas, Lodi classifica-as em:

- parciais, que não satisfazem pelo volume de informações fornecidas;
- insignificantes, aquelas que fogem da pergunta, enfocando um assunto que não é alvo do questionamento;
- descuidadas, as de elaboração deficiente, ressaltando aspectos que não interessam;
- não respostas, que incluem gestos ou expressões como um sorriso ou o silêncio, acompanhados ou não de uma exclamação ambígua ou um monossílabo.

Portanto, caso a resposta não seja satisfatória, insista respeitosamente com o entrevistado.

4. Ricardo Cardet (1979, p. 47) alerta: "O erro mais grave em jornalismo é dar as notícias com dados inexatos, porque uma informação errada é uma mentira pública". Portanto, na dúvida, pergunte, esclareça o que foi dito pelo entrevistado. Se você tem dúvidas, imagine o público.
5. Evite as perguntas em que a resposta provável é um sim ou um não. Caso seja impossível, após a resposta do entrevistado, pergunte o porquê dessa afirmação ou negação.
6. Por desconhecimento ou inexperiência, profissionais do microfone formulam questões, como lembram Heródoto Barbeiro e Paulo Rodolfo de Lima (2003, p. 47), no mínimo equivocadas:

Há uma muleta que deve ser evitada para se fazer uma boa entrevista. Trata-se da frase: "Como o senhor está vendo isso?". Se ele for bem-humorado é capaz de responder: "Com os olhos". Outra muleta, que cabe em qualquer situação, é: "Qual a sua opinião sobre...?".

Os autores alertam ainda sobre a falta de bom senso ou sensibilidade: "Há perguntas que beiram a cretinice, como perguntar como se sente uma mãe que acabou de perder a filha".

7. As perguntas devem ser feitas no mesmo nível do entrevistado. Se você é repórter e ouve uma pessoa quase analfabeta, respeite essa condição e adapte o seu vocabulário. No caso contrário – alguém com um linguajar extremamente técnico, por exemplo –, conduza a entrevista de modo a traduzir para o ouvinte o que está sendo dito.
8. Nunca concorde após uma resposta da fonte. Você é um observador do que está sendo dito e não um participante com posição sobre o assunto.
9. A não ser que a fala do entrevistado se estenda em demasia, deixe que o raciocínio dele seja concluído. Somente então retome o processo de entrevista.

10. Os comentários, os editoriais e a participação do ouvinte

Opinar significa expressar uma visão determinada a respeito da realidade. Embora o jornalismo moderno pretenda diferenciar com clareza e caracterizar com exatidão, em especial, a informação, a interpretação e a opinião, o rádio ainda se apresenta para o público como um meio em que, muitas vezes, é tênue o limite entre esses três gêneros jornalísticos. A respeito, já recordava, décadas atrás, Mário Erbolato (1991, p. 34-35), procurando demarcá-los e citando exemplo que remete à Guerra Fria – a oposição entre os blocos liderados pelos Estados Unidos e pela União Soviética:

> Em conferência no Instituto Internacional da Imprensa, do qual foi o primeiro presidente, Lester Markel, editor dominical de The New York Times, mostrou que a interpretação das notícias pode ser feita sem qualquer prejuízo e citou alguns exemplos, que diferenciam as diversas modalidades de jornalismo: 1º) É notícia informar que o Kremlin está lançando uma ofensiva de paz. 2º) É interpretação explicar por que o Kremlin tomou essa atitude. 3º) É opinião dizer que qualquer proposta russa deve ser rechaçada sem maiores considerações.

Na imprensa escrita, até a Segunda Guerra Mundial, essas categorias sobrepunham-se e confundiam-se. No rádio não é diferente, acrescentando-se que esse delineamento começa após o surgimento da TV nos anos 1950, mas se consolida somente a partir da década de 1990, com a redemocratização do Brasil ganhando força. Do ponto de vista da emissora, o poder de opinar em uma transmissão radiofônica é exercido pelo comentarista, que intervém nos programas em espaços delimitados, e pelo âncora, tipo de apresentador caracterizado por, além de coordenar o seu espaço na programação, tecer considerações, esclarecer, interpretar e emitir opiniões, procurando situar o ouvinte. Há, obviamente, desde o advento da internet, das redes sociais e da telefonia celular, uma crescente participação do público, cuja opinião passa a fazer parte a todo o momento da programação jornalística.

Política editorial

Constitui-se em um conjunto de parâmetros de trabalho norteadores da atividade da empresa de comunicação. A política editorial é definida com base:

- no posicionamento ideológico da empresa;
- na estrutura e nas possibilidades econômicas da emissora;
- em uma ideia do que o público deseja em termos de programação;
- no senso comum do que é socialmente aceito.

A esses elementos, devem-se acrescentar as determinações legais e os parâmetros éticos envolvidos na radiodifusão sonora, como:

- o Código de Ética dos Jornalistas Brasileiros, da Federação Nacional dos Jornalistas Profissionais (Fenaj);
- o Código de Ética da Radiodifusão Brasileira, da Associação Brasileira de Emissoras de Rádio e Televisão (Abert);
- o Código Brasileiro de Autorregulamentação Publicitária, regido pelo Conselho Nacional de Autorregulamentação Publicitária;
- a legislação vigente, em especial as definições sobre calúnia, difamação e injúria.

Na maioria das vezes, o peso maior é o interesse da própria empresa. A respeito, Luiz Amaral (1982, p. 137) observa que tal posicionamento se manifesta, entre outros fatores, "no valor atribuído a determinadas matérias; no silêncio em torno de acontecimentos e pessoas; e nos comentários menores". Obviamente, tais práticas vão de encontro ao desenvolvimento de uma consciência cidadã, mas são ainda correntes em um país com altas taxas de corrupção e frequentes casos de aproximação de interesses entre setores políticos e o grande capital, neste último incluindo-se alguns conglomerados de comunicação.

Categorias de opinião

A exemplo de outros meios de comunicação[25], nas emissoras de rádio existem três categorias de opinião:

A da empresa
Constitui-se na expressão do posicionamento da empresa de radiodifusão frente à realidade. A rigor, deve aparecer somente nos editoriais, mas acaba por permear, por vezes, parte significativa da programação, possuindo peso determinante dentro da política editorial.

A dos formadores de opinião
De significativa influência junto ao público, é a opinião expressa por âncoras e comentaristas. Mesmo na atualidade, não raro, demonstram proximidade com a ideologia dominante na emissora. No entanto, nos grandes centros, gradativamente ganham espaço jornalistas e radialistas de postura mais independente, que assumem um papel de esclarecimento e não simplesmente de crítica ou defesa desta ou daquela posição.

A dos ouvintes
Desde a disseminação da telefonia fixa – e em paralelo ao processo de segmentação – a participação do ouvinte ganhou espaço dentro da programação. Isso já nos anos 1970. Com o celular e a internet, multiplicam-se as possibilidades de participação do público: mensagens de voz ou de texto por telefone, chats, rede sociais etc. A manifestação do dito cidadão comum ocorre ainda por meio de demonstrações de cidadania – mobilizações, passeatas... – e enquetes. Em nenhum desses casos a opinião do ouvinte pode ser totalizada ou confundida com aquela proveniente de pesquisas quantitativas ou qualitativas de base científica.

---

25. Luiz Beltrão (1980, p. 19-22) refere-se a estas como opinião do editor, opinião do jornalista e opinião do leitor.

Tipos de texto opinativo

Os textos opinativos em rádio podem ser classificados em:

Editorial
Constitui-se em um espaço opinativo em que a emissora expressa seu posicionamento a respeito de determinado assunto. A importância do editorial está no conhecimento que se permite ao público da opinião clara e inequívoca da empresa de radiodifusão.

Comentário
Corresponde, em rádio, à coluna assinada dos jornais. É um texto opinativo em que um jornalista ou um especialista em determinada área analisa a fundo um assunto, explicando-o e/ou posicionando-se a respeito.

Crítica
O termo "crítica" refere-se aos comentários acerca do mundo da cultura e das artes. Quando existem espaços desse tipo na programação, voltam-se basicamente ao cinema, à música, ao teatro e à literatura. Sua ocorrência é mais comum em emissoras – dos segmentos de jornalismo ou musicais – voltadas ao público adulto das classes A e B, com curso superior, do que nas demais.

Crônica
Sem dogmatismo e, não raro, deixando de lado o rigor formal, o cronista paira sobre o assunto, aplicando na abordagem um toque pessoal. Assim, a crônica, como explicam Muniz Sodré e Maria Helena Ferrari (*apud* Rabaça; Barbosa, 2001, p. 201), constitui-se em um meio-termo entre o jornalismo e a literatura: "[...] do primeiro, aproveita o interesse pela atualidade informativa, da segunda imita o projeto de ultrapassar o simples fato". Em rádio, há inclusive uma espécie de contaminação da reportagem pela crônica, como em algumas manifestações de setoristas esportivos, ao acrescentarem uma impressão à narrativa sobre, por exemplo, o desempenho deste ou daquele jogador ou time de futebol; ou de correspondentes internacionais, que usam essa técnica para transmitir ao ouvinte não só uma informação, mas também sensações particulares sobre o dia a dia de outros países.

Estrutura do texto opinativo

O conteúdo do texto opinativo apresenta uma série de particularidades. A principal delas é o seu aspecto complementar em relação à notícia propriamente dita. À exceção da crônica, parte-se da ideia de que todo problema possui causas, consequências e possíveis soluções. Permite, ainda, a utilização de figuras de estilo, como comparações, jogos de palavras, antíteses, exclamações, interrogações, ironia... Certo senso comum dos profissionais mais experientes desaconselha, de modo geral, a personalização do comentário ou da crítica com o uso da primeira pessoa do singular ou do plural. Esta fica reservada aos grandes formadores de opinião, cuja trajetória no meio conquistou o direito a expor grau considerável de personalidade ao microfone e, em realidade, garante audiência ao profissional.

A Figura 51 apresenta uma estrutura comum – mas não única – para a redação de textos opinativos. Comentários e editoriais tendem a abrir com uma introdução que situa o ouvinte e explicita uma posição (contra ou a favor) a respeito do assunto enfocado. Na sequência, enumeram-se os argumentos, reservando-se o mais forte deles para a conclusão, na qual se procura apresentar uma sugestão, solução ou advertência. Críticas podem ser redigidas, aproximando-se ou não desse modelo. Por sua natureza, no entanto, crônicas podem se afastar consideravelmente dele. Outras formulações – criativas e pessoais – podem e devem ser buscadas com a cautela que o bom senso exige.

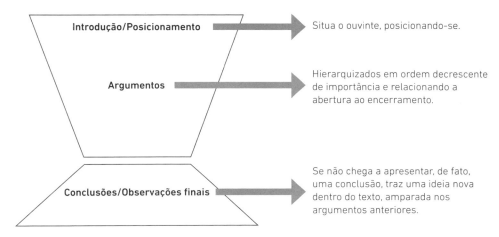

Figura 51 – Estrutura do comentário

No comentário do Exemplo 42, o ponto de vista central é apresentado na introdução, explicitando um posicionamento. Deve fluir, então, para os argumentos e, destes, para as conclusões ou observações finais, sem que, burocraticamente, o ouvinte se dê conta disso. Vale, inclusive, um pouco mais de liberdade na repetição de palavras e estruturas, tudo usado no reforço da ideia expressa. Observe que, em geral, o comentário não é assinado. A identificação ocorre na voz do apresentador que, dentro de um programa, chama, ao microfone, o comentarista por meio de uma vinheta anterior e/ou posterior à irradiação do comentário.

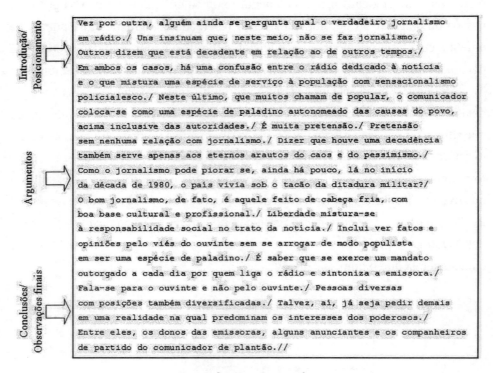

Exemplo 42 – Comentário

Fugindo de modelos e ganhando em coloquialidade, comentários e críticas apresentados ao vivo substituem o texto escrito pela fala e tendem a se caracterizar como uma conversa com o âncora, o que, ao pender do monólogo para o diálogo, facilita a compreensão do conteúdo por parte do ouvinte. Por sua natureza, no entanto, crônicas e editoriais são usualmente baseados em uma redação prévia.

11. A produção, a sonoplastia e o roteiro

A partir do formato estabelecido para um programa, a cada irradiação deste, o produtor isoladamente ou a equipe de produção em conjunto planejam e executam todas as providências necessárias para que, ao microfone, o(s) apresentador(es) possa(m) conduzir adequadamente o repasse da mensagem ao ouvinte. É, como observa Magaly Prado (2006, p. 104), uma figura mais frequente nas rádios essencialmente faladas e – acrescente-se – voltadas aos segmentos jornalístico e popular.

Sempre em combinação com outros profissionais – âncora(s), chefe(s) de reportagem, repórteres, operadores de áudio... –, a sua função engloba tanto o conteúdo como a forma, não se restringindo a um mero agendamento de convidados, participação de repórteres e/ou de comentaristas etc. Por exemplo, selecionado para uma mesa-redonda um assunto polêmico, do tipo em que há quem seja contra e quem seja a favor, cabe ao produtor contatar os participantes, incluindo, além das fontes de pontos de vista divergentes, algum especialista para situar o tema em um contexto mais amplo. Pode, ainda, combinar com o chefe de reportagem a realização de uma enquete para ilustrar o programa e até inspirar os convidados. Se for o caso, escolhe músicas relacionadas ao assunto para reforçar a fala de abertura do âncora ou ser usadas como trilhas na passagem para os intervalos comerciais e destes para os blocos do debate.

O produtor deve, portanto, possuir uma gama de conhecimentos, dominando desde o instrumental informativo ao da sonoplastia, passando obrigatoriamente por uma boa bagagem cultural. Produzir significa pensar em conjunto todos os elementos da linguagem radiofônica – a voz humana, a música, os efeitos sonoros e o silêncio – e a sua aplicação prática na construção de um programa agradável e de qualidade, que, em síntese, interesse ao ouvinte.

A sonoplastia

Representando o estudo, a seleção e a aplicação de recursos sonoros, a sonoplastia constitui-se em um conjunto de possibilidades fundamental à elaboração de um programa radiofônico. Embora não exerça a função de sonoplasta, o produtor deve possuir sensibilidade e conhecimento suficientes para utilizar o som, base do rádio, como um poderoso instrumento à sua disposição. É necessário que esse profissional tenha sempre em mente que diferentes tipos de sons provocam diferentes efeitos sobre a sensorialidade do ouvinte, sabendo, assim, trabalhar adequadamente as funções dos elementos da linguagem radiofônica já elencadas anteriormente.

Portanto, com base na Figura 52, preponderam algumas funções, embora as dominantes não excluam as demais. Desse modo, a música e os efeitos exploram a sugestão, criando imagens na mente do ouvinte. São auxiliados pelo tom e pela flexão da voz. Os efeitos, em geral, permitem ao público ver o que está sendo descrito, e a música possibilita ao ouvinte sentir o que se transmite. Servem também para pontuar a mensagem.

Inserções sonoras

Em geral, ao pensar um produto radiofônico, considera-se a possibilidade de utilizar inserções sonoras dentro de uma estrutura na qual predomina uma descrição e/ou uma narração de um jornalista ou radialista. Essas inserções são normalmente: (1) as ilustrações ou sonoras, que trazem registros com a voz de terceiros; (2) as trilhas, termo genérico utilizado em rádio para indicar qualquer conteúdo musical, à exceção de canções veiculadas na íntegra; e (3) os efeitos sonoros, atuando de modo concreto, ao evocar sons reais, ou abstratos, criando novos significados sensoriais. Há, ainda, um elemento de pontuação radiofônica que pode utilizar, de modo combinado, todos os anteriores. Trata-se da (4) vinheta.

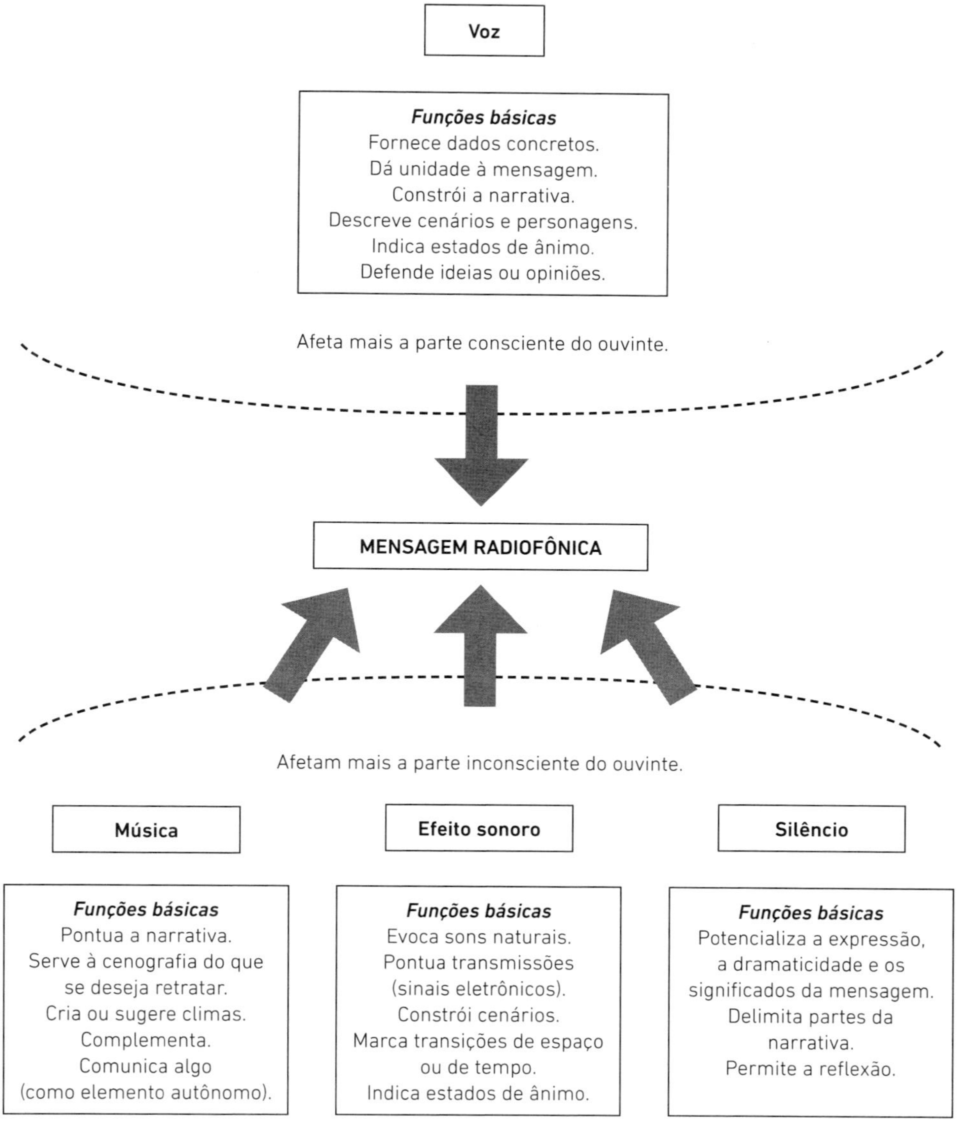

Voz

Funções básicas
Fornece dados concretos.
Dá unidade à mensagem.
Constrói a narrativa.
Descreve cenários e personagens.
Indica estados de ânimo.
Defende ideias ou opiniões.

Afeta mais a parte consciente do ouvinte.

↓

MENSAGEM RADIOFÔNICA

↑ ↑ ↑

Afetam mais a parte inconsciente do ouvinte.

Música

Funções básicas
Pontua a narrativa.
Serve à cenografia do que se deseja retratar.
Cria ou sugere climas.
Complementa.
Comunica algo (como elemento autônomo).

Efeito sonoro

Funções básicas
Evoca sons naturais.
Pontua transmissões (sinais eletrônicos).
Constrói cenários.
Marca transições de espaço ou de tempo.
Indica estados de ânimo.

Silêncio

Funções básicas
Potencializa a expressão, a dramaticidade e os significados da mensagem.
Delimita partes da narrativa.
Permite a reflexão.

Figura 52 – Elementos da linguagem radiofônica e suas funções básicas

Ilustrações ou sonoras

Englobam as várias manifestações da voz: tanto na forma da fala, as mais frequentes – como em depoimentos, discursos, entrevistas... –, como, dependendo do caso, nas formas de choro, grito ou riso.

Trilhas

Associadas à identificação de programas ou de trechos destes, à pontuação propriamente dita da narrativa, ao reforço do cenário sonoro e à sugestão de climas em relação ao que é dito. São basicamente de três tipos:

- Característica: música instrumental que identifica um programa no início e no fim de cada bloco, no início e no fim de cada transmissão.
- Cortina: breve trecho musical que identifica ou separa determinada parte de um programa radiofônico em relação ao todo. É usada para assinalar a transmissão de comentários, seções especializadas ou editoriais. Por vezes, é transmitida antes e depois desses espaços. Na maioria dos casos, entretanto, a emissão ocorre apenas antes do comentário, seção especializada ou editorial.
- Fundo musical: o mesmo que BG (*background*). Música geralmente instrumental, em volume inferior ao do texto lido por um locutor ou apresentador. O fundo musical tem função expressiva e reflexiva.

Efeitos sonoros

Englobando tanto os com referência ao mundo real como os criados e que sugerem interpretações variadas, do bip para identificar, por exemplo, a hora em meio à programação ao onomatopeico "Tóimmm!" para demonstrar o erro de alguém em um *spot* publicitário.

Vinhetas

Usadas quase sempre com sentido semelhante ao da característica ou da cortina, mas se diferenciando destas por associarem o texto à música e mesmo a efeitos sonoros. Em geral, constituem-se em uma frase musical, com ou sem texto, gravada com antecedência. Identificam a emissora, um apresentador ou o programa e até mesmo o patrocinador de uma transmissão.

Passagens entre inserções sonoras

Pode-se passar de um som a outro ou mesclá-los em um programa de três formas: (1) corte com emenda, (2) fusão e (3) sobreposição.

Corte seco com emenda

Cessa a irradiação de um som no momento em que outro começa a ser transmitido.

Figura 53 – Corte seco com emenda

Fusão

O som original vai diminuindo de intensidade à medida que uma nova inserção sonora é introduzida na transmissão.

Figura 54 – Fusão

Sobreposição

Transmissão simultânea de dois ou mais sons. Em geral, sobrepõe-se um efeito a uma trilha.

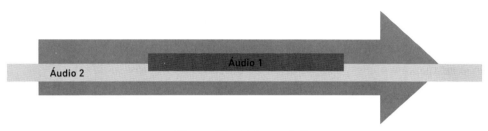

Figura 55 – Sobreposição

O roteiro radiofônico

Oriundo do teatro e do cinema, formas de expressão anteriores ao rádio, o roteiro – ou *script*, como era chamado de início, usando o vocábulo original em inglês – constitui-se no guia básico para organizar, planejar e produzir um conteúdo sonoro gravado. Embora na época do espetáculo radiofônico orientasse a execução até mesmo das irradiações ao vivo, sua utilização – à medida que as emissoras iam se segmentando – foi sendo relegada aos programas elaborados para uma escuta diferida.

> **ATENÇÃO**
> O roteiro deve ser compreendido como um guia que orienta a realização. Pode e deve sofrer modificações enquanto o conteúdo radiofônico final vai ganhando forma. Obviamente, as alterações vão depender do bom senso dos produtores e de outros profissionais envolvidos: um roteiro excessivamente aberto pode, dependendo dos prazos e dos recursos disponíveis, tornar inviável qualquer trabalho. No entanto, fique claro, é sempre um meio e nunca um fim em si.

Em termos de apresentação, existem dois tipos de roteiro: (1) o redigido em uma coluna, mais adequado a produções de média e longa duração; e (2) o em duas colunas, empregado para a elaboração de áudios curtos.

O roteiro em uma coluna

Herdeiro direto dos roteiros de teatro e de cinema, dos quais as descrições de cenário e de movimentação de personagens neste deram lugar às indicações para a técnica, mantendo, no entanto, uma forma similar. Utilizado para os programas montados – ou seja, gravados e editados –, constitui-se, assim, em uma forma em desuso na maioria das emissoras, sendo destinado à produção de documentários e outros programas especiais, nos quais a base do conteúdo é o texto escrito e em que se explora a sua associação com efeitos sonoros, música e silêncio. Por óbvio, não se adapta a mensagens radiofônicas baseadas no improviso da fala.

Regras básicas
- Apresentação: o roteiro apresenta informações para quem vai fazer a locução ou apresentação do programa e para os sonoplastas, operadores de gravação

e de áudio. Para diferenciar uma da outra, convencionou-se usar maiúsculas – sublinhadas ou em negrito – para os dados destinados à técnica, enquanto o texto segue as normas da redação radiofônica, embora adaptadas a algumas situações particulares. O entrelinhado utilizado é o duplo. Sugere-se, em especial para iniciantes, a adoção do padrão por linha de 72 caracteres, utilizando a família de letras Courier New.

- O texto no roteiro: se o programa for apresentado apenas por um locutor, procure dispor o texto em blocos de tamanho não superior a cinco linhas. Com dois ou três locutores, o melhor é a fragmentação do texto com uma técnica próxima da forma manchetada de redação de notícias.
- Indicações sobre volume de som das trilhas: para indicar alterações no volume de som de uma trilha, usam-se expressões como as do Quadro 12:

Sobe	Volume deve aumentar.
Desce	Volume deve diminuir.
Vai a BG	Volume de som da trilha abaixa e esta fica em *background*, isto é, no fundo de uma fala.
Corta	O som deve deixar de ser transmitido.

Quadro 12 – Indicações sobre o volume de som das trilhas

- Convenções para inserções sonoras e passagens: Cada inserção sonora ou passagem deve ser adequadamente registrada no roteiro. A regra geral é identificar o tipo (característica, cortina, fundo musical...), a fonte (nome do arquivo), o formato do arquivo (.mp3, .wav...), a duração (usando aspa simples – ' – para minutos, e dupla – " – para segundos) e a forma da passagem (emenda, funde, sobrepõe...). Caso julgue necessário, o produtor pode e deve explicitar detalhes de edição. Alguns exemplos de indicação de inserções sonoras[26] e de passagens aparecem a seguir.

---

26. Em uma emissora de rádio, trilhas utilizadas cotidianamente são indicadas de forma simplificada quando da produção de programas montados. Aqui, preferiu-se o detalhamento para facilitar o uso didático deste material.

Como já visto, na identificação de programas – abertura e encerramento de cada bloco –, utiliza-se característica (Exemplo 43) ou vinheta (Exemplo 47), esta última também podendo ser usada para conteúdos mais específicos, a exemplo da cortina (Exemplos 44, 45 e 46).

```
              1234567890123456789012345678901234567890123456789012345678901234567890123456789012
TÉCNICA   -   CARACTERÍSTICA - ARQUIVO xxxxxx.mp3 - RODA 10" - VAI A BG
Locutor   -                       (Texto de abertura)
TÉCNICA   -   CARACTERÍSTICA - SOBE, RODA 10", VAI A BG E CORTA
Locutor   -                       (Corpo do programa)
TÉCNICA   -   CARACTERÍSTICA - RODA 10" E VAI A BG
Locutor   -              (Texto de encerramento + Ficha técnica)
TÉCNICA   -   CARACTERÍSTICA - SOBE, RODA 10", VAI A BG E CORTA
```

Exemplo 43 – Convenções para característica

A cortina, como pode ser observado nos Exemplos 44 e 45, pode ser usada apenas antes do espaço ao qual ela se refere ou antes e depois deste. Embora menos utilizada, há a possibilidade, empregada no Exemplo 46, de ir a BG e cortar, retornando ao final, se for o caso, ou ficar no fundo do texto identificado.

```
              1234567890123456789012345678901234567890123456789012345678901234567890123456789012
Locutor   -                       (Corpo do programa)
TÉCNICA   -   CORTINA - ARQUIVO xxxxxx.mp3 - RODA 10" E CORTA
Locutor   -              (Comentário, quadro, editoria...)
```

Exemplo 44 – Convenções para cortina (simples)

```
              1234567890123456789012345678901234567890123456789012345678901234567890123456789012
Locutor   -                       (Corpo do programa)
TÉCNICA   -   CORTINA - ARQUIVO xxxxxx.mp3 - RODA 10" E CORTA
Locutor   -              (Comentário, quadro, editoria...)
TÉCNICA   -   CORTINA - RODA 10", VAI A BG E CORTA
```

Exemplo 45 – Convenções para cortina (dupla)

```
                1234567890123456789012345678901234567890123456789012345678901234567890123456789012
Locutor  -                                  (Corpo do programa)
TÉCNICA  -      CORTINA - ARQUIVO xxxxxx.mp3 - RODA 10" E VAI A BG
Locutor  -                                  (Comentário, quadro, editoria...)
TÉCNICA  -      CORTINA - SOBE, RODA 10", VAI A BG E CORTA
```

Exemplo 46 – Convenções para cortina (permanecendo em BG)

Já a identificação da vinheta, usada antes ou depois de dado conteúdo, não vai diferir.

```
                1234567890123456789012345678901234567890123456789012345678901234567890123456789012
TÉCNICA  -      RODA VINHETA - ARQUIVO xxxxxx.mp3 - 15"
```

Exemplo 47 – Convenções para vinheta

Um fundo musical também possui a sua forma própria de indicação no roteiro (Exemplo 48), bem como a fusão entre duas trilhas (Exemplos 49 e 50).

```
                1234567890123456789012345678901234567890123456789012345678901234567890123456789012
Locutor  -                                  (Corpo do programa)
TÉCNICA  -      FUNDO MUSICAL - ARQUIVO xxxxxx.mp3 - RODA 10" E VAI A BG
Locutor  -                                  (Texto)
TÉCNICA  -      FUNDO MUSICAL - SOBE, RODA 10", VAI A BG E CORTA
```

Exemplo 48 – Convenções para fundo musical

Nos Exemplos 49 e 50, observe como pode ser indicada a fusão da característica com um fundo musical determinado na abertura e de outro fundo musical com a característica no encerramento de um programa.

```
                1234567890123456789012345678901234567890123456789012345678901234567890123456789012
Locutor  -                                  (Texto de abertura)
TÉCNICA  -      CARACTERÍSTICA - SOBE, RODA 10" E VAI A BG
                FUNDE COM
                FUNDO MUSICAL - ARQUIVO xxxxxx.mp3 - RODA 10" E VAI A BG
Locutor  -                                  (Corpo do programa)
TÉCNICA  -      FUNDO MUSICAL - SOBE, RODA 10", VAI A BG E CORTA
```

Exemplo 49 – Convenções para fusão (abertura de um programa)

```
                         12345678901234567890123456789012345678901234567890123456789012
Locutor  -               |                    (Corpo do programa)
TÉCNICA  -               | FUNDO MUSICAL - SOBE, RODA 10" E VAI A BG
                         | FUNDE COM
                         | CARACTERÍSTICA - RODA 10" E VAI A BG
Locutor  -               |           (Texto de encerramento + Ficha técnica)
TÉCNICA  -               | CARACTERÍSTICA - SOBE, RODA 10", VAI A BG E CORTA
```

Exemplo 50 – Convenções para fusão (encerramento de um programa)

Já a sobreposição (Exemplo 51) relaciona, em geral, um efeito sonoro e um fundo musical.

```
                         12345678901234567890123456789012345678901234567890123456789012
Locutor  -               |                    (Corpo do programa)
TÉCNICA  -               | FUNDO MUSICAL - ARQUIVO xxxxxx.mp3 - RODA 10" E VAI A BG
Locutor  -               |                         (Texto)
TÉCNICA  -               | SOBREPÕE EFEITO SONORO ARQUIVO xxxxxx.mp3
Locutor  -               |                    (Corpo do programa)
```

Exemplo 51 – Convenções para sobreposição

No caso de ilustrações ou sonoras (Exemplos 52, 53 e 54), por estar trabalhando com depoimentos, discursos, entrevistas ou outras gravações em que a fala é o elemento central, utilizam-se algumas convenções básicas para indicar início e término do trecho aproveitado (Quadro 13).

D.I.	Deixa inicial, ou seja, o início do trecho a ser incluído (em geral, no mínimo cinco palavras).
D.F.	Deixa final, ou seja, o final do trecho a ser incluído (em geral, no mínimo cinco palavras).

Quadro 13 – Indicações para início e término de trechos com fala

Além do arquivo e das deixas inicial e final, o produtor indica ainda, para possibilitar o controle do tempo do programa, a duração total do áudio.

```
            1234567890123456789012345678901234567890123456789012345678901234567890 12
Locutor -                              (Corpo do programa)
TÉCNICA -   RODA ENTREVISTA FULANO DE TAL - ARQUIVO xxxxxx.mp3 - 45"
            D.I.: "É uma política econômica equivocada...
            D.F.: ...de qualquer maneira é preciso uma alteração."
```

Exemplo 52 – Convenções para ilustrações ou sonoras (simples)

É necessário deixar claro ainda as emendas necessárias para uma correta edição do material (Exemplo 53). Observa-se, no entanto, que, para uma edição precisa, não podem existir ruídos significativos de ambiente no fundo da voz gravada. Nesse caso, indicam-se as deixas dos dois trechos e o tempo total destes já editados.

```
            1234567890123456789012345678901234567890123456789012345678901234567890 12
Locutor -                              (Corpo do programa)
TÉCNICA -   RODA ENTREVISTA FULANO DE TAL - ARQUIVO xxxxxx.mp3 - 1'10"
            D.I.: "É uma política econômica equivocada...
            D.F.: ... de qualquer maneira é preciso uma alteração."
            EMENDA COM
            D.I.: "Por este motivo, vamos apoiar a resolução...
            D.F.: ... o partido votará unido no Congresso Nacional."
```

Exemplo 53 – Convenções para ilustrações ou sonoras (com emenda)

Para facilitar a edição, o produtor pode ainda identificar o ponto da gravação, em minutos e segundos, referente à deixa inicial (Exemplo 54).

```
            1234567890123456789012345678901234567890123456789012345678901234567890 12
Locutor -                              (Corpo do programa)
TÉCNICA -   RODA ENTREVISTA FULANO DE TAL - ARQUIVO xxxxxx.mp3 - 45"
            D.I.: (aos 1'38") "É uma política econômica equivocada...
            D.F.: ... de qualquer maneira é preciso uma alteração."
```

Exemplo 54 – Convenções para ilustrações ou sonoras (com indicação de ponto)

A colocação de músicas inteiras (Exemplo 55) em programas de rádio também é identificada no roteiro, com informações sobre o arquivo específico e a sua duração total. O ideal é identificar o nome da música e do(s) intérprete(s) antes – anunciar – e depois – desanunciar – de ela ser transmitida.

```
            1234567890123456789012345678901234567890123456789012345678901234567890123456789012
Locutor -                            (Anunciar a música)
TÉCNICA -   RODA MÚSICA - ARQUIVO xxxxxx.mp3 - LADO A - FAIXA 0 - 3'15"
Locutor -                           (Desanunciar a música)
```

Exemplo 55 – Convenções para músicas

Em qualquer ponto do roteiro, caso julgue necessário, detalhe práticas necessárias à edição correta (Exemplo 56).

```
            1234567890123456789012345678901234567890123456789012345678901234567890123456789012
TÉCNICA -   FUNDO MUSICAL - ARQUIVO 01.mp3 - RODA 10" E VAI A BG
Locutor -                           (Corpo do programa)
TÉCNICA -   FUNDO MUSICAL - SOBE, RODA 10" E VAI A BG
            FUNDE COM
            FUNDO MUSICAL - ARQUIVO 02.mp3 - RODA 10" E VAI A BG
            D.I.: (instrumental) "Xxxxxxxxxxxxxxxxxxxxx...
            D.F.: ...xxxxxxxxxxxxxxxxxxxX."
            (ATENÇÃO: O ÚNICO TRECHO CANTADO É O INDICADO ACIMA. EDITAR INSTRUMENTAL
            DA ABERTURA PARA UTILIZAÇÃO EM BG NA LOCUÇÃO DO TEXTO A SEGUIR. LEITURA
            COMEÇA QUASE IMEDIATAMENTE APÓS D.F. INDICADA)
            FUNDE COM
            PARTE INSTRUMENTAL EDITADA DO ARQUIVO 02.mp3 - RODA 10" E VAI A BG
Locutor -                           (Corpo do programa)
TÉCNICA -   FUNDO MUSICAL - SOBE, RODA 10", VAI A BG E CORTA
```

Exemplo 56 – Detalhamento

ATENÇÃO

Para possibilitar o cálculo da duração final do produto radiofônico em elaboração, indicam-se de 10" a 15" para as trilhas rodarem, permitindo no momento da edição pequenas variações para fechar a duração final. Na montagem do material, no entanto, deve-se usar o bom senso nesses ajustes. Trilhas com menos de 5" ou mais de 20" devem, desse modo, ser evitadas.

Exemplo de roteiro em uma coluna

O Exemplo 57 traz o roteiro de um programete do tipo solicitado muitas vezes aos estudantes que se iniciam na profissão por meio de cursos universitários.

RÁDIO

THE BEATLES - PLEASE PLEASE ME

1

	123456789012345678901234567890123456789012345678901234567890123456789012
TÉCNICA -	CARACTERÍSTICA - ARQUIVO pleasepleaseme.mp3 - RODA 15" E VAI A BG
Loc. 1 -	Mil 962 marca o lançamento de um marco da história do rock./
Loc. 2 -	*Please please me* - O primeiro disco dos Beatles./
Loc. 1 -	Uma produção dos estudantes do Curso de Jornalismo da Universidade Livre./
TÉCNICA -	CARACTERÍSTICA - SOBE, RODA 15" E VAI A BG FUNDE COM FUNDO MUSICAL - ARQUIVO lovemedo.mp3 - RODA 10" E VAI A BG
Loc. 2 -	Em mil 962, os Beatles assinaram contrato com a gravadora IEM'AI, que lançou em setembro o primeiro disco do grupo./
Loc. 1 -	Antes de *Please please me* chegar às lojas, John Lennon, Paul McCartney, George Harrison e Ringo Star eram conhecidos apenas do público de Liverpool, cidade onde moravam./
Loc. 2 -	Meses depois, músicas como a própria *Please please me* e *Love me do* já estavam entre as mais ouvidas na Grã-Bretanha./
Loc. 1 -	O disco inclui alguns **hits** da década de 50, além das primeiras canções compostas pela dupla Lennon e McCartney./
Loc. 2 -	Era o início da fase romântica dos Beatles, retratada, entre outras, em *Ask me why* e *P.S. I love you*./
TÉCNICA -	FUNDO MUSICAL - SOBE, RODA 10", VAI A BG E CORTA EMENDA COM RODA ARQUIVO askmewhy.mp3 - 3'05" RODA ARQUIVO psiloveyou.mp3 - 2'45"
Loc. 1 -	Foi *P.S. I love you*./ Antes, *Ask me why*./ Músicas lançadas no primeiro elepê dos Beatles em mil 962./

Continua →

THE BEATLES - PLEASE PLEASE ME

2

	123456789012345678901234567890123456789012345678901234567890123456789012
TÉCNICA -	CARACTERÍSTICA - ARQUIVO pleasepleaseme.mp3 - RODA 15" E VAI A BG
Loc. 2 -	*Please please me* - O primeiro disco dos Beatles./
Loc. 1 -	Uma produção dos estudantes do Curso de Jornalismo da Universidade Livre...
Loc. 2 -	Beltrano de Tal e Sicrano de Tal./
Loc. 1 -	Apresentação de Fulano de Tal I...
Loc. 2 -	...e Fulano de Tal II./
Loc. 1 -	Voltamos amanhã neste mesmo horário.//
TÉCNICA -	CARACTERÍSTICA - SOBE, RODA 15", VAI A BG E CORTA

Exemplo 57 – Roteiro em uma coluna

Como se observa, apresenta de forma clara uma abertura e um encerramento, e as trilhas utilizadas são extraídas de *Please, please me*, álbum de estreia do quarteto britânico The Beatles. A característica é a faixa-título do disco, o que exige certo cuidado na edição: músicas não instrumentais, quando usadas em BG, podem dificultar a compreensão do texto lido pelos locutores. O mesmo ocorre com o fundo musical utilizado na sequência, "Love me do". Rodam na íntegra "Ask me why" e "P.S. I love you". Observa-se ainda que, nos títulos de álbuns e canções, utiliza-se como recurso o itálico e não as aspas. Também a denominação da gravadora EMI aparece grafada na forma como deve ser lida: "IEM'AI". Normalmente, o locutor com experiência não necessita desse recurso. Convém lembrar que nem sempre os profissionais dominam outros idiomas. Esse recurso deve ser utilizado especialmente em palavras de difícil pronúncia.

O roteiro em duas colunas

Roteiro que facilita a visualização, simplificando bastante a compreensão do que vai ser produzido. Recomenda-se o seu uso para áudios de curta duração, como os de cunho publicitário.

Regras básicas

- Apresentação: com a página dividida em duas, uma coluna traz as informações referentes à parte técnica e a outra, as relacionadas à voz. Cada fonte sonora ocupa no mínimo uma linha, deixando um espaço em branco na coluna ao lado. O entrelinhado utilizado é o duplo. Sugere-se, em especial para iniciantes, a adoção do padrão por linha de 32 caracteres, utilizando a família de letras Courier New. Cada linha tem, desse modo, em torno de 2".

Figura 56 – Roteiro em duas colunas

- O texto no roteiro: os padrões de redação assemelham-se aos do roteiro em uma coluna.

Exemplo de roteiro em duas colunas

No Exemplo 58, apresenta-se um roteiro para um *spot* publicitário que usa, além de vozes, trilhas e efeitos sonoros.

```
                                        123456789012345678901234567890012
TRILHA ARQUIVO trilha.mp3 - RODA  E VAI A BG


EFEITO ARQUIVO chorocrianca.mp3
                                        O ser humano nasce...

                                        (locução mais rápida)

EFEITO ARQUIVO sommultidao.mp3"         ...cresce,
DESCE E CORTA TRILHA
DOBRAR VOZ E VARIAR CANAIS              ...trabalha, trabalha, trabalha,

                                        trabalha, trabalha./

COLOCAR LEVE ECO NO FINAL DA PALAVRA "VIDA"

                                        (locução mais seca e incisiva)

                                        E vence na vida...

EFEITO ARQUIVO passarinhos.mp3

                                        Diga não ao stress!/

                                        Diga sim a

                                        Vida - Centro de Spa e Lazer./

                                        Três-dois, três-dois, três-quatro,

                                        dois-um./
```

Exemplo 58 – Roteiro em duas colunas

Observe que as diferenças de posição do texto em uma e outra coluna vão indicando a ordem de colocação dos elementos que conformam o *spot*. Para os efeitos, não há a indicação de sobreposição, ficando esta implícita. A definição da duração das várias inserções é deixada para o processo de edição, já que o produto final – um *spot* de 30" – permite certa variação nesse sentido. Pelo roteiro, entra a trilha, que vai a BG, seguindo-se a ela o texto "O ser humano nasce..." e dois efeitos – choro de criança e som de multidão –, quando então a música diminui de volume e corta. Depois, a voz aparece dobrada e variando de canais. A seguir, novo texto com a última palavra, recebendo um leve eco, que emenda com o som de passarinhos, e o *spot* encerra com a assinatura do anunciante. A disposição física do conteúdo, portanto, leva à compreensão de como se estrutura o conteúdo e a forma da mensagem.

A produção de programas ao vivo

Nas emissoras dedicadas aos segmentos jornalístico e popular, a produção de programas ao vivo baseia-se geralmente em outros instrumentos e não em roteiros. O produtor prepara um espelho ou esqueleto – um esboço –, que norteia o planejamento e a execução do programa, prevendo as inserções com entrevistas ou reportagens. Em geral, o apresentador entrevista uma pessoa por bloco e, eventualmente, chama uma ou outra participação de repórteres.

A Figura 57 apresenta um modelo padronizado de espelho de produção.

Programa	
Data	
Produtores	

Primeiro bloco
Segundo bloco
Terceiro bloco
Quarto bloco
Observações

Figura 57 – Espelho de programa

Para organizar e orientar a realização do programa, o produtor prepara fichas com os dados a respeito de entrevistas e mesas-redondas. Em outras palavras, redige uma espécie de pauta. Essa prática, no caso de apresentadores experientes, pode ser substituída pelo espelho com o nome das fontes e os assuntos, que serve de indicativo para quem está ao microfone.

```
Entrevistado: Mario Quintana (no estúdio)
Assunto: Lançamento do livro Pé de pilão
Data: 13 de junho de 1975

O poeta Mario Quintana lança hoje, às quatro da tarde,
na Livraria do Globo, seu novo livro, Pé de pilão./
É a primeira obra infantil do escritor desde 1948, quando publicou
O batalhão das letras./ Quintana define o livro como
uma historinha em rimas./ Pé de pilão é uma publicação da
Editora Garatuja e tem prefácio de Erico Verissimo./

Pontos básicos
1. Definição da obra./
2. O porquê da retomada do infantil em sua produção./
3. Como é escrever para crianças?/
4. Lembrar que o poeta sempre se definiu como uma criança tímida./
Essa criança tímida segue se expressando por meio da poesia?/
5. No prefácio, Erico Verissimo compara Quintana ao Anjo Malaquias
do poema./ Como convivem, então, o tímido e o travesso em
Pé de pilão?/
E dentro desse "anjo poeta", definição de Erico?
6. Ainda em cima do prefácio de Erico, qual o papel da sonoridade
na poesia de Quintana, em especial nestas "historinhas em rimas"?
Erico Verissimo diz que Pé de pilão é para as crianças que sabem
e para as que não sabem ler./ Sobre a prosa em poesia de QUINTANA,
recomenda aos que não sabem que peçam aos que sabem para ler
em voz alta./ E escutem com atenção o que é dito.../
```

Exemplo 59 – Ficha para entrevista

No Exemplo 59, um texto inicial situa o apresentador a respeito do assunto central da entrevista. O produtor trata, portanto, de explicitar o gancho – no jargão jornalístico, o motivador da transformação do fato em notícia. É sobre essas informações que vai se constituir a fala inicial por meio da qual o profissional de microfone faz a introdução do entrevistado. Na sequência, aparecem alguns pontos básicos para orientar a formulação de perguntas.

Recomendações gerais

1. No caso de programas baseados no factual, o produtor deve pensar como um repórter distanciado do palco de ação dos acontecimentos. Agindo como tal, sopesa a validade do fato a ser veiculado e reflete sobre a adequação de uma entrevista, reportagem ou mesa-redonda ao perfil e ao público do programa.
2. A agilidade é essencial. Um programa ao vivo só termina de ser planejado quando sai do ar. Tudo o que está planificado pode ser desmarcado se um fato mais importante se impuser. Um bom produtor sabe como o programa deve começar e tem uma ideia clara de como este vai se desenvolver. No entanto, deve ter presente a dinâmica envolvida nesse processo.
3. O produtor faz, sempre que possível, uma pré-entrevista com a fonte, base da ficha que vai guiar o apresentador.
4. O controle do programa resulta de uma confluência do trabalho do produtor, do apresentador e da emissora como um todo. Na dúvida, quem manda são as normas editoriais da rádio.
5. Ao produtor cabe a tarefa de auxiliar o apresentador no controle das janelas comerciais. Deve, portanto, indicar quando faltam três, dois e um minuto, ajudando a respeitar a planilha de anúncios da emissora.
6. O espelho do programa deve estar disponível a todos os produtores, que, por sua vez, precisam analisá-lo a cada turno de trabalho, evitando a repetição de assuntos e fontes em um mesmo dia.
7. O respeito à fonte é fundamental. O produtor não obriga ninguém a participar de um programa. Em alguns casos, no entanto, a recusa em falar para uma emissora constitui-se em notícia e precisa ser difundida. Políticos, por exemplo, são figuras públicas que, mesmo sob crítica, têm o direito e a obrigação de acesso ao microfone.

8. Independentemente do tipo de programa, ao produtor cabe a organização, em combinação com o operador, do material a ser veiculado.
9. Ao escolher vozes para a produção de um áudio, considera-se a imensa gama de variações existentes. Na época do espetáculo radiofônico, quem trabalhava dramaturgia já apontava essa diversidade, identificando atores pelo tipo de personagem indicado pela voz de cada um:

> A voz do galã deve ser aveludada e romântica, situada entre o grave e o agudo [...]. Sua contraparte feminina, a mocinha ou ingênua, soa doce e suave, ao interpretar a sofredora, vítima de vilões, inocente ante as maldades do mundo, ou insinuante, a sugerir possibilidades amorosas, em tipos agraciados pela sorte ou perseguidos por desventuras. A de entonação madura caracteriza o *centro – dramático*, quando transmite confiança e seriedade, e *cômico*, ao, pelo contrário, indicar descontração em tom de galhofa –, que, na versão feminina, constitui-se na *dama-galã*. Do *vilão* ou *vilã* (a malvada), exige-se uma voz cortante, por vezes com um sibilado, indicando maldade na frase pronunciada entre os dentes ou na gargalhada soturna. Os *caricatos* caprichem no esganiçado, de pronúncia deficiente, em uma fala, por vezes, arrevesada em que predominam cacoetes e redundâncias. Há, ainda, os *excêntricos* ou *característicos*, cuja voz, mais neutra, adapta-se aos sotaques estrangeiros ou aos tipos exóticos (Ferraretto, 2007a, p. 335-36).

Defina, portanto, o tipo de voz de que você necessita. Em uma produção que exige interpretação, como as de teor publicitário, isso se faz ainda mais necessário.

10. Um sonoplasta experiente auxilia em muito qualquer produção em áudio. É ele que, não raro, sugere opções criativas para valorizar o conteúdo. Observe o que descreve Luiz Maranhão Filho (2008, f. 9) a respeito do uso de instrumentos musicais na complementação ou substituição de efeitos sonoros:

> A orquestra inteira era convocada para ajudar. O tarol, essencial no ruflo do trapézio do circo ou no enforcamento de Tiradentes. O piston, para o toque de silêncio. O violino, para inúmeras intervenções, O clarinete, para fazer a risada da bruxa de Branca de Neve. A tuba, a requinta, o contrabaixo para ranger as portas.

Nesse caso, como em outras alternativas a que o cotidiano obriga, cabe ao bom senso a medida do adequado e do impróprio.

> **ATENÇÃO**
> Em qualquer tipo de produção em áudio, reflita sobre o que já foi feito em relação a determinada temática e busque sempre abordagens novas e criativas. Lembre-se, no entanto, de que de nada vale fazer algo diferente se isso não for compreendido adequadamente pelo ouvinte.

12. A cobertura esportiva

A importância do esporte no cotidiano das grandes emissoras do país pode ser atestada por uma constatação: o primeiro setor organizado para a cobertura esportiva é anterior ao surgimento das redações estruturadas de noticiários. Heron Domingues criou na Rádio Nacional do Rio de Janeiro, em 1948, o pioneiro entre os departamentos de notícias da radiodifusão brasileira. "É importante lembrar que antes disso, em 1947, a Rádio Panamericana, emissora dos esportes, já havia implantado o Departamento de Esportes, com uma equipe formada por locutores, comentaristas e repórteres para a cobertura diária dos eventos esportivos" (Soares, 1994, p. 59).

O radiojornalismo esportivo envolve, além da cobertura diária, a transmissão ao vivo de eventos. Desse modo, fora a necessidade de conhecimentos a respeito da legislação específica e do cotidiano de atletas, de clubes e de entidades representativas, a complexidade da cobertura esportiva obriga a que o profissional atente, em seu dia a dia, para uma série de detalhes. Há relações que se estabelecem – de empatia variável em todos os seus níveis – entre o comunicador, o ouvinte caracterizado como torcedor e este ou aquele clube. Se no noticiário os critérios jornalísticos fazem as informações penderem para uma paixão mais genérica pelo esporte em si, na transmissão de um jogo de futebol ou de qualquer outra competição, com menor ou maior força, dependendo da penetração deste ou daquele esporte, a narrativa aproxima-se em muito do ponto de vista do torcedor. O rádio passa a ser visto, assim, como uma espécie de porta-voz dos anseios desse ouvinte tão particular que não busca um distanciamento crítico do profissional de rádio. Pelo contrário, como observa Márcio Guerra (2002, p. 40), desenvolve-se uma relação de identidade entre o público e o narrador esportivo:

Identidade. É isso que muitos torcedores-ouvintes alegam para justificar a preferência por esse ou aquele locutor. A verdade é que o rádio, com todo o seu lado romântico e meio artesanal (principalmente aos olhos de leigo), viu a necessidade de lutar pela fatia do mercado publicitário, e as transmissões dos jogos passam a seguir critérios de marketing e estratégias que seguem os padrões de mercado. Por isso, as grandes emissoras do Rio de Janeiro trabalham com suas principais equipes nos jogos do Flamengo, vindo a seguir o Vasco e, depois, Botafogo e Fluminense (não necessariamente nessa ordem, se um deles estiver investido de representante do estado numa fase final de competição). Em São Paulo, Corinthians é o destaque, vindo a seguir Palmeiras, São Paulo e Santos.

Em Minas Gerais e Rio Grande do Sul, onde só dois clubes são considerados grandes e dividem e polemizam a torcida, o recurso é fazer transmissões simultâneas.

Como na cobertura esportiva, além da notícia em si, interferem o lazer – esporte é entretenimento – e, talvez mais do que em outras áreas do radiojornalismo, publicidade e *marketing*, algumas considerações são importantes, até para estabelecer limites. O senso comum cunhou uma expressão relacionada à paixão nacional pelo futebol atualizada a cada novo censo do Instituto Brasileiro de Geografia e Estatística (IBGE): "Somos X milhões de técnicos". Exagero típico dos que creem em uma pátria de chuteiras, a frase reflete a tendência de considerar o fato esportivo – um jogo da seleção brasileira ou do seu clube preferido, por exemplo – pelo viés da opinião e não da informação, talvez mesmo da paixão e não da razão. Não há problema nenhum quando esse comportamento se associa ao simples torcedor, mas jornalismo pressupõe certo distanciamento crítico do acontecimento narrado. Nesse sentido, vale o alerta de Ruy Carlos Ostermann, um dos principais profissionais do jornalismo esportivo brasileiro:

> [...] o jornalista esportivo pode torcer pelo clube de seu coração, mas se em algum momento isso transparecer no seu trabalho jornalístico, este trabalho estará prejudicado. [...] O homem do rádio esportivo deve se emocionar e passar esta emoção para seu público, mas sabendo distinguir a paixão da emoção. (I Seminário Internacional de Radiojornalismo, 1996, p. 15)

A emoção citada por Ostermann reflete-se na busca de empatia com o público. O narrador de uma partida, por exemplo, precisa imperiosamente criar imagens na mente do ouvinte e, mais do que isso, tal simulação deve transportar o público para o estádio, para o meio da torcida. Na transmissão de uma competição esportiva, no entanto, é natural que a emissora veja a partida pelo viés do seu ouvinte. Assim, no futebol o enfoque pende para o time, dependendo do caso, da cidade, do estado ou do país em que está sediada a rádio.

Deve-se ponderar, ainda, que um mesmo jogo de futebol – por exemplo, entre dois grandes clubes, um do Rio de Janeiro e outro do Rio Grande do Sul, pelo Campeonato Brasileiro – recebe enfoques diferentes em emissoras cariocas e gaúchas. Falando para ouvintes diversos, uma pode ter de destacar a vitória do time do seu estado, enquanto a outra se empenha em explicar a derrota da equipe mais próxima do seu público. Se o narrador canaliza, com maior ou menor emoção, o sentimento da torcida, repórteres trazem os fatos, comentaristas acrescentam análise crítica e os plantões de estúdio, figuras inexistentes em algumas rádios, situam numericamente lances e classificações. Tudo, no entanto, pelo viés do ouvinte, que, nesse caso, quer a informação de interesse relacionada ao *seu* time, justificando as diferenças de enfoque. Vitória e derrota condicionam, inclusive, o tom da irradiação. A primeira obriga mais euforia, e a segunda, se exagerada, pode provocar indignação nos profissionais que atuam como porta-vozes do público, obviamente devendo prevalecer sempre o bom senso.

O esporte dentro da emissora de rádio

O esporte constitui-se em objeto tão importante da cobertura jornalística que, nas grandes emissoras, leva à criação de uma área organizacional própria. Esta adquire, conforme a rádio, a denominação de central ou departamento, predominando o foco sobre o futebol. Em menor proporção, outras modalidades recebem também um tratamento jornalístico. É o caso de esportes como automobilismo, basquete, boxe, judô, tênis, surfe e vôlei. Do final do século XX à atualidade, também ganharam espaço os relacionados aos Jogos Olímpicos, com destaque para aqueles em que há alguma chance de medalha de atletas brasileiros. As principais funções em um setor desse tipo aparecem descritas no Quadro 14.

Coordenador de esportes	É o profissional que gerencia toda a atividade do setor, orientando a cobertura dos clubes e de entidades ligadas ao esporte, além de organizar a de eventos como jogos, corridas e outras atividades esportivas. Responsabiliza-se, muitas vezes, pelos contatos com as empresas de telecomunicações, viabilizando os canais necessários às transmissões. Faz, ainda, a interligação com o tráfego comercial, fiscalizando o cumprimento das planilhas de veiculação de patrocinadores conforme o acertado com agências e anunciantes. Acompanha, no caso de grandes coberturas internacionais, a negociação dos direitos de irradiação.
Narrador	Misturando informação e emoção, o narrador segura a transmissão de um evento esportivo, descrevendo-o em detalhes, mexendo com a sensorialidade do ouvinte e fornecendo a ele uma visão do que acontece.
Comentarista	Representa um elemento de opinião. No dia a dia, possui geralmente um espaço fixo na programação. Durante a transmissão de um evento esportivo, analisa, considera, sugere, opina e critica o que está ocorrendo.
Repórter	Do repórter esportivo, exige-se boa dose de especialização. Na cobertura cotidiana, assume a figura do setorista, aquele que acompanha um clube, entidade ou esporte específico. Na transmissão ao vivo de uma partida de futebol – evento mais frequente –, pode assumir a função de repórter de campo, constituindo-se no integrante da equipe mais próximo dos lances, ou fazer o acompanhamento das manifestações da torcida nas arquibancadas.
Plantão esportivo	Profissional que, escudado em um arquivo atualizado e no trabalho de radioescutas e de produtores, dá informações adicionais a respeito do que acontece durante uma transmissão esportiva. Assim, a ele cabe situar o ouvinte, fornecendo detalhes a respeito da campanha de uma agremiação ou de um atleta, além de noticiar resultados paralelos ao evento narrado. No entanto, nem todas as emissoras que transmitem futebol incluem plantões em suas equipes.
Apresentador	Faz a condução dos programas diários dedicados ao esporte. Quem exerce essa função é, em geral, também narrador, comentarista, plantão ou repórter do setor.
Produtor	Responsabiliza-se pelos programas específicos voltados ao esporte. Auxilia, por vezes, o plantão durante as jornadas esportivas.
Estagiário	Acompanha as transmissões de emissoras concorrentes ou de outros estados, confere notícias de portais de conteúdo na internet, organiza informações e auxilia na produção.

Quadro 14 – Principais funções no radiojornalismo esportivo

A cobertura diária

O trabalho do repórter esportivo até meados dos anos 1970 caracterizava-se por uma mistura, nem sempre bem dosada, de informação e opinião. Dessa realidade, surgiu a expressão cronista esportivo, identificando um profissional que calca o seu trabalho na impressão pessoal. Gradativamente, a esse setor da atividade radiofônica foram se estendendo os princípios básicos do jornalismo. A busca pela notícia ganhou mais espaço e, no cotidiano do repórter, a opinião deu lugar à interpretação. Esse novo momento de seriedade jornalística não significa uma abordagem sisuda de um assunto que, como ensina Luiz Amaral (1982, p. 98), "é, sobretudo, entretenimento". Há mais liberdade estilística, o que pode significar, conforme o público da emissora, o uso ou não de jargões e gírias.

Embora outros esportes tenham ganhado espaço nos últimos anos, o futebol ocupa a maior parte do noticiário, em um tipo de cobertura assim descrito por Mário Erbolato (1981, p. 16):

> O jornalista tem, nesse campo, uma atuação ampla. Pode mostrar os preparativos para as grandes partidas, descrever o que se passa nas concentrações, os treinos (individuais ou coletivos), os atletas que deverão passar (passaram ou foram barrados) pelos exames médicos e as possíveis substituições ou modificações nos quadros. Há ainda a abordagem das contratações ou vendas, declarações dos técnicos, eleições das diretorias e a missão dos olheiros ou emissários, que pretendem comprar passes de jogadores de outros clubes.

O repórter esportivo é, na maioria dos casos, um setorista de determinado clube, entidade ou modalidade esportivos.

A transmissão de jogos de futebol

A transmissão lance a lance de uma competição constitui-se no momento mais importante da cobertura esportiva em uma emissora de rádio. Nela, mesclam-se planejamento e improviso. Tudo que pode ser previsto com antecedência deve ser providenciado. A descrição do fato que se desenrola cabe ao narrador, cujo trabalho se complementa com a intervenção dos repórteres, dos comentaristas e, se houver, do plantão. O conjunto desse trabalho ganha, em alguns estados brasileiros, a denominação de jornada esportiva.

Para justificar o epíteto de país do futebol, o que mais se transmite no rádio do Brasil são, obviamente, as partidas desse esporte. A mecânica de cobertura pode ser dividida em quatro fases definidas: (1) a *abertura*, (2) o *jogo em si*, (3) o *intervalo* e (4) o *encerramento*.

A abertura

O trabalho jornalístico inicia-se com base em um esquema previamente elaborado e demarcado pela citação de patrocinadores. Depois, segue o rumo dos acontecimentos. O narrador comanda. Os repórteres trazem as informações mais atuais, complementadas por dados de arquivo fornecidos pelo plantão. O comentarista analisa tudo, situando ainda mais o ouvinte. O tom é o de uma conversa informal, embora pautada pelos critérios noticiosos. A transmissão gira em torno da reportagem, para, com o início do jogo, concentrar-se no narrador.

Uma abertura de transmissão pode conter:

1. uma ambiental do jogo apresentada pelo narrador;
2. repórteres dando a escalação dos dois times, o trio de arbitragem e outras informações básicas da partida;
3. o comentarista analisando a situação dos dois clubes que vão se enfrentar, fazendo uma projeção de como o jogo poderá se desenvolver;
4. o plantão com informações adicionais, como o retrospecto dos dois times, sua situação no certame em disputa etc.;
5. as reportagens, que são liberadas.

O jogo em si

Com a bola em jogo, há um apelo constante à sensorialidade do ouvinte, em uma descrição lance a lance do que ocorre no estádio.

Em uma comparação com a televisão, o narrador, por vezes, dá uma panorâmica do estádio e mostra todo o gramado, mas se concentra mesmo no setor no qual a bola está em disputa pelos jogadores; o repórter, enquanto isso, faz o *close* sobre o lance, detalhando-o para o ouvinte. A análise do jogo cabe ao comentarista. Já o plantão traz as informações complementares. Tudo gira em torno da necessidade de fornecer ao ouvinte uma visão imaginária da partida, como explica Mário Campos (In: Neme, Pedro *et al.*, 1956, p. 70):

> O ouvinte deve saber, instantaneamente, onde está a bola, quem está com ela, o que o jogador está fazendo com ela, quem está tentando tirá-la, em que direção o jogo tende, de que maneira o jogador se defende e em que ponto do campo tudo se processa. Isso é tremendamente complexo e requer uma capacidade realmente extraordinária de narração. Ao mesmo tempo, a própria voz deve indicar a situação, o perigo, o peso do que ocorre.

A forma de descrever o gol varia de narrador para narrador. Há uma sequência estabelecida para a entrada do repórter, do comentarista e do plantão. No entanto, cada emissora define, se houver, vinhetas e trilhas diferenciadas. O momento do gol apresenta, em geral, uma estrutura básica:

1. a narração do lance;
2. as observações do repórter postado atrás da goleira ou do que estiver mais próximo desta;
3. a análise do comentarista;
4. a intervenção do plantão com informações quantitativas sobre o gol e quem o marcou.

Essa sequência é editada para ser reproduzida durante o intervalo e/ou ao final da partida.

A informação da duração e do placar da partida constitui-se em outro aspecto importante da transmissão e, habitualmente, é feita de três a cinco vezes em cada tempo.

O intervalo

O apito do árbitro encerrando o primeiro tempo serve de sinal para que os repórteres entrem no gramado, entrevistando jogadores. Em seguida, o narrador chama o plantão esportivo, que traz as últimas informações sobre outros jogos de interesse. O comentarista vai analisar a partida e, caso haja gols, chamar a sua reprodução. Um pouco antes de o jogo recomeçar, os repórteres informam, se necessário, sobre possíveis alterações nas equipes e fazem outras entrevistas com jogadores e a equipe técnica. O intervalo também é a oportunidade de o torcedor se manifestar, sendo entrevistado no estádio ou enviando mensagens por celular ou pela internet.

O encerramento

Ao final da partida, repete-se a situação do intervalo. Correria de repórteres em torno dos jogadores, entrevistas, o plantão informando a situação dos clubes após a partida e o comentarista analisando o jogo e, se houve, os gols. Novamente, há a participação dos torcedores.

Estilos de narração de futebol

A torcida encara o jogo de futebol como um momento festivo. A narrativa do evento esportivo parte também dessa ideia. Entretanto, há profissionais que, em função do seu estilo pessoal e do público da emissora, usam um jargão particular ao qual se associa uma série de efeitos e vinhetas. Outros transmitem ao público uma visão menos metafórica da partida. Edileuza Soares (1994, p. 61), com base nessa realidade, divide os narradores em duas escolas: a denotativa e a conotativa.

Escola denotativa

Entre os representantes dessa escola, predomina a descrição calcada no significado dicionarizado das palavras usadas. A emoção está na voz e na descrição do lance.

Escola conotativa

Seus integrantes associam outros sentidos ao significado dicionarizado das palavras utilizadas, abusando de figuras de linguagem, gírias, metáforas, *slogans* e chavões.

Na escola denotativa, usa-se:	Já na conotativa, pode-se dizer:
bola	pelota
	gorduchinha
	redondinha
	balão de couro
o gol	a meta
gramado	tapete verde
jogo	peleja
deu um chute forte	deu um tiro de canhão
	deu um tirombaço
fez o gol	provocou a queda na cidadela
	provocou a queda no último reduto
	pôs a bola no barbante
marca de pênalti	marca fatal
na entrada da grande área	na zona do agrião
o Flamengo	o rubro-negro
	o mais querido
o Fluminense	o tricolor
o time do Botafogo	o time da estrela solitária
o São Paulo	o tricolor
o Corinthians	o timão
o Grêmio	o tricolor dos pampas
o Internacional	o colorado mais querido do Brasil

Mesmo alguns narradores da escola denotativa usam, por vezes, elementos conotativos. A arte parece estar na dose com que isso ocorre. É fundamental, nesse sentido, o alerta de Carlos Felipe Moisés (*apud* Porchat, 1989, p. 86):

> Existe um equívoco no que se refere a estilo. Pensam que o estilo retórico, que abusa de figuras e metáforas, é o melhor, e um exemplo clássico disto é o futebol. Geralmente, em vez de o narrador dizer que o time do São Paulo entrou em campo, ouvimos que o "esquadrão do Morumbi adentrou o gramado" e por aí vai... Então, acho que existe entre nós uma concepção equivocada do que seja estilo, como se estilo fosse a linguagem metafó-

rica ao extremo, com muito adorno, quando na verdade o bom estilo é o conciso, claro e correto.

De certo modo, narrar o jogo significa animar o público. O exagero, no entanto, é prática condenável e inclui, não raro, a distorção dos fatos. Um jogo morno transforma-se em uma epopeia guerreira na qual se incentiva a garra em detrimento da habilidade, na busca da vitória a qualquer preço.

Recomendações gerais

Independentemente do esporte abordado, algumas observações são válidas e fazem-se necessárias:

1. A cobertura esportiva é a área da atividade radiofônica em que a capacidade de observação e a habilidade de comunicação são mais necessárias ao profissional. O improviso constitui-se em prática corrente, dada a frequência de transmissões de fatos jornalísticos no momento em que estes ocorrem.
2. Quem atua nesta área deve se conscientizar da necessidade de especialização. Precisa não só gostar de esportes, mas conhecer regras e normas, compreendendo o que está sendo enfocado por ele.
3. A fala sem texto escrito que marca as transmissões esportivas não significa a possibilidade de ignorar as regras da língua portuguesa. O bom profissional conhece o idioma tão bem quanto as regras da modalidade que cobre.
4. A pronúncia de nomes estrangeiros deve ser pesquisada e padronizada na emissora. O ouvinte sente algo de errado quando, durante a transmissão de um jogo, o narrador pronuncia o nome de alguém de uma forma e o repórter, de outra. Convém lembrar que os nomes dos clubes são, em geral, do gênero masculino.

ATENÇÃO

Lembre-se de que existem exceções: são do gênero feminino a Internacional de Limeira (Associação Atlética Internacional de Limeira), a Portuguesa (Associação Portuguesa de Desportos), a Portuguesa Santista (Associação Atlética Portuguesa) e a Ponte Preta (Associação Atlética Ponte Preta).

5. Como qualquer atividade jornalística especializada, a cobertura esportiva implica contato constante com as fontes, exigindo certo cuidado ético do profissional. Ele precisa manter um distanciamento crítico em relação aos fatos e seus personagens.

13. Os documentários e os programas especiais

No cotidiano das emissoras brasileiras dedicadas ao jornalismo, alguns temas suscitam abordagens para além dos noticiários, dos programas de entrevista ou de opinião e das mesas-redondas. Se o aprofundamento é o foco e há a possibilidade de uma produção mais acurada – e, portanto, também mais demorada e dispendiosa –, a opção talvez seja o *documentário*, embora esse tipo de conteúdo apareça com maior frequência associado às rádios identificadas como culturais, educativas ou públicas. Se há uma motivação diferenciada do usual – geralmente, relacionada a acontecimentos extremamente inusitados ou, de outra parte, vinculada a interesses comerciais de considerável previsibilidade (uma data histórica, por exemplo) –, a alternativa poderá ser um *programa especial*, uma edição isolada ou mesmo a alteração de uma das atrações da grade normal, que, não raro, se transfere então do estúdio para o palco de ação do fato. Enquanto o primeiro requer gravação e edição, este último usualmente é transmitido ao vivo, com alto grau de coloquialidade na condução pelo(s) apresentador(es).[27]

Os documentários

Ao conceituar o documentário, uma das primeiras dificuldades que se apresenta diz respeito à sua diferenciação em relação à grande reportagem ou reportagem especial.

---

[27]. A nomenclatura aqui adotada é a mais usual no rádio do Brasil. Difere, assim, de outras como a apresentada por Robert McLeish (2001, p. 191): o documentário retrata "fatos, baseados em evidência documentada – registros escritos, fontes que podem ser citadas, entrevistas atuais e coisas do gênero", enquanto o programa especial "não precisa ser totalmente verdadeiro no sentido factual".

Certo senso comum reduz essa distinção à duração desses produtos sonoros. Por essa visão equivocada, o documentário seria apenas uma versão ampliada. José Javier Muñoz e César Gil (1990, p. 69) delimitam com precisão essa diferença: (1) nos documentários, há abundância de depoimentos, mais longos e com maior espontaneidade do que nas reportagens; (2) a menor duração das reportagens obriga uma edição comprimida a reduzir a naturalidade da fala; (3) sem a pressão dos prazos, comum no caso das reportagens, o tempo de produção e realização pode se expandir; (4) nesse contexto, o documentário, ao contrário da grande reportagem ou reportagem especial, conforma-se como um "programa em si mesmo". Extrapolando, no entanto, o que ocorre com qualquer outra produção radiofônica, o documentário depara-se com a necessidade de possuir um alto nível de elaboração, conteúdo e forma combinados de maneira a garantir uma atenção quase constante por parte do ouvinte. Em relação a esse tipo de programa, vale ainda mais o alerta de Arturo Merayo Pérez (*apud* Martínez-Costa, 2002, p. 61):

> Captar a atenção e o interesse do público é a condição primeira e principal do profissional de rádio, sem a qual todo o processo comunicativo se vem abaixo. De pouco serve que a informação seja extremamente relevante se não se consegue captar a atenção da audiência. Esta vontade de interessar não é outra coisa que o afã por persuadir; não no sentido de que o público acabe pensando como o profissional, mas sim na perspectiva da atenção: ao ouvinte há que lhe interessar, deve acabar seduzido, de tal maneira que, na medida do possível, preste toda sua atenção à mensagem que lhe é oferecida.

Portanto, ao documentário, em especial, não basta um assunto interessante, mas é necessário trabalhá-lo de maneira que cative a audiência. Trata-se, de fato, de um espaço nobre dentro da programação, um algo mais para além do tratamento cotidiano de acontecimentos, opiniões e serviços.

A produção de documentários

A realização de um documentário exige um cuidadoso planejamento, que leva em consideração uma série de decisões e procedimentos, como descrita a seguir e resumida na Figura 58. Cabe, no entanto, recordar o que já foi destacado anteriormente: o roteiro a ser produzido é um meio e não uma obra acabada. Alterações, com certeza, vão surgir ao editar e finalizar o material.

Mais do que a escolha de um tema central, o primeiro passo na produção passa pela definição de um "objetivo declarado", expressão usada por Robert McLeish (2001, p. 192) em especial para produções de duração livre, mas perfeitamente aplicável a qualquer tipo de documentário:

> [...] a regra é limitar o material a um objetivo declarado, sem deixar que se torne difuso e se espalhe por outras áreas. Por essa razão, é uma ótima prática o produtor escrever um *briefing* para o programa, respondendo às seguintes questões: "Aonde quero chegar?", "O que quero deixar para o ouvinte?". Mais tarde, a decisão sobre inclusão ou não de determinada matéria fica mais fácil à luz da própria declaração de intenção do produtor. Isso não quer dizer que os programas não possam mudar de forma à medida que a produção é feita. Um objetivo claro, porém, ajuda a impedir que isso aconteça sem o conhecimento e consentimento do produtor.

Baseado em McLeish (2001) e considerando as particularidades do rádio brasileiro, recomenda-se que esse *briefing* contenha, além do(s) objetivo(s), elementos como: o título provisório; a duração prevista; uma listagem de informações necessárias; um esboço do conteúdo, indicando os pontos principais a ser explorados; possíveis entrevistados e fontes de referência; e um cronograma de produção.

> Especificando os vários fatores que devem ser incluídos no programa, fica mais fácil avaliar o peso e a duração a serem dados a cada um deles, e verificar se há ideias suficientes para sustentar o interesse do ouvinte. É provável que fique evidente a grande quantidade de informação disponível. (McLeish, 2001, p. 193)

Em radiojornalismo, a produção de um documentário aproxima-se da prática que, em especial nas décadas de 1960 e 1970, era conhecida na grande imprensa brasileira como pesquisa jornalística. É um processo que se relaciona diretamente com o gênero jornalístico interpretativo, embora possa ter relação com os demais. Na época, Antônio Beluco Marra (*apud* Rabaça; Barbosa, 2001, p. 565) já observava que o texto resultante desse esforço de pesquisa vai mais além do fato-notícia, aquele acontecimento do dia restrito à sua descrição básica: "Situa o fato na história, fornece os dados para sua melhor compreensão. Numa palavra, interpreta". Destinada a descrever o que fazia na década de 1960 o pioneiro Departamento de Pesquisa e Documentação do *Jornal do Brasil*, a afirmação de Marra indica uma ideia perfeitamente aplicável ao documentário radiofônico: a necessidade de contextualização, base de toda a pesquisa a ser realizada durante a produção desse tipo de programa.

Nesse sentido, há diversas modalidades de levantamentos em relação às quais o produtor de um documentário deve estar atento: (1) *pesquisa bibliográfica*, baseada no conhecimento existente e consolidado a respeito do assunto a ser enfocado e representando, desse modo, uma aproximação com o campo da ciência sem que, no entanto, signifique tornar hermético o resultado final; (2) *pesquisa documental*, envolvendo a busca de informações em arquivos de órgãos públicos e de instituições privadas, jornais, além de material de acervos de protagonistas e testemunhas dos fatos a ser narrados, englobando cartas, diários, filmes, fotografias, gravações, memorandos, ofícios, regulamentações etc.; (3) *pesquisa audiovisual*, concretizada na busca de depoimentos em áudio e – para aproveitamento do som – vídeo[28], efeitos sonoros e músicas, um amplo conjunto de materiais essencial, obviamente, à elaboração de um produto radiofônico; e (4) *entrevistas*, questionando, basicamente, protagonistas, testemunhas e especialistas, buscando, assim, informações, análises e opiniões.

Após a realização dos vários níveis de pesquisa, sugere-se um tratamento monográfico do material levantado, que inclui, dentro do possível, a degravação parcial ou total de depoimentos e entrevistas. O texto assim produzido vai permitir que sejam elencados os pontos a ser mais e menos valorizados na narrativa, além das convergências e divergências – estas últimas, em especial, nas falas das fontes. Essa hierarquização possibilita ainda que se estabeleçam unidades temáticas dentro do documentário, subdivisões que não serão explicitadas para o ouvinte, mas que vão facilitar a sua compreensão a respeito do tema central e das particularidades deste. A partir daí, o próximo passo é estabelecer parâmetros gerais de conteúdo e de forma, dois aspectos que, por óbvio, estão extremamente relacionados no processo de construção da mensagem radiofônica.

A respeito da definição da estrutura narrativa, considera-se, entre outras possibilidades, produzir o documentário (1) antecipando o clímax do relato e, na sequência,

---

28. São considerados *depoimentos* as entrevistas realizadas anteriormente à produção do documentário e, em geral, por terceiros.

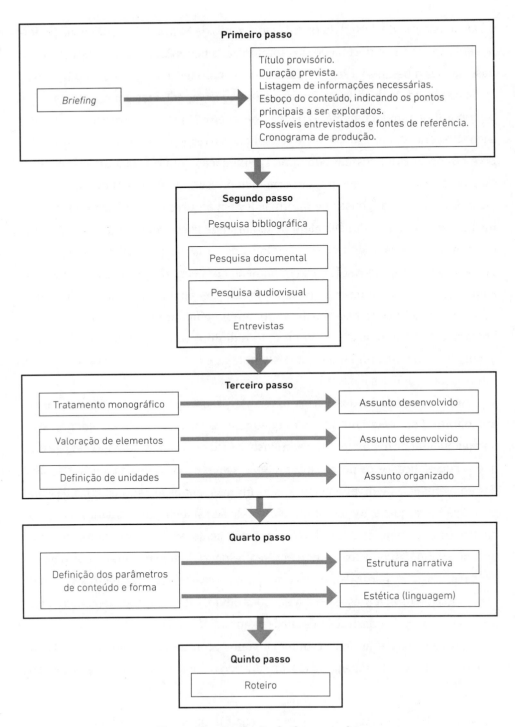

Figura 58 – Produção do documentário

descrevendo em *flashback* o desenvolvimento até chegar a esse clímax, ou, ainda, deixando-o para o término do programa, em ordem cronológica, com um raciocínio de início, meio e fim; ou (2) usando uma técnica de contraponto, em que duas ou mais linhas de condução se intercalam. Nesta última, pode-se, por exemplo, descrever um dia na vida de um menor carente, entrecortando a narrativa com dados estatísticos e análises de especialistas, pontuando com uma trilha de *funk* ou *rap* a trajetória cotidiana do personagem central e, com outra, instrumental jazzística, a contextualização do assunto. Em termos de estética, obviamente, um documentário a respeito do compositor de música erudita do século XVIII Wolfgang Amadeus Mozart vai exigir uma abordagem sonora diferente daquela de um relato sobre o roqueiro dos anos 1970 Sid Vicious, da banda *punk* Sex Pistols. Isso, no entanto, não se restringe ao tipo de trilha sonora, estendendo-se de fato à forma de edição e à redação do texto.

Com todo esse processo realizado, passa-se à redação do roteiro, que vai orientar a locução e a edição.

Exemplo de roteiro de documentário

O roteiro a seguir apresenta diversas particularidades. Trata-se da terceira parte de cinco de uma série de documentários sobre a vida e a obra do escritor Erico Verissimo, transmitida pela Rádio Bandeirantes AM, de Porto Alegre, em 1995, quando eram lembrados os 90 anos do nascimento e os 20 da morte do autor. No roteiro desse *Memória Erico*, as convenções foram adaptadas à realidade contemporânea. Na sua produção, definiu-se um critério para escolha de vozes e trilhas musicais. Como se trata de uma série de cinco programas, foi selecionada uma voz específica – mais grave, a de Paulo Amaury – para as aberturas e os encerramentos. Nas narrações das encenações de trechos da obra de Erico Verissimo, optou-se por uma afeita à interpretação, no caso a de Ubirajara Valdez, que, além de trabalhos como jornalista e radialista, havia feito teatro. Uma terceira voz é a do locutor Carlos Alberto Negreiros, que conduz os trechos referentes à vida e à obra do escritor gaúcho. Quando o roteiro aborda a literatura, usa-se música erudita como fundo. Na parte que recupera a história pessoal de Erico, utiliza-se música de época. As letras de algumas canções complementam a narrativa, daí a necessidade de indicação de deixas como as que aparecem em alguns pontos do roteiro. Como a duração prevista era de 15 a 16 minutos, o roteiro marca fundos musicais com tempo-padrão de 10" e efeitos supondo cerca de 5", o que, na edição, pode ser aumentado ou reduzido levemente. Possui, assim, aproximadamente, 7'30" de texto, referentes às locuções do documentário em si e narração mais as interpretações dos trechos de dramaturgia; 6'20" de fundos musicais, trechos de canções e efeitos sonoros em primeiro plano; e 3'20" de entrevistas e depoimentos.

MEMÓRIA ERICO
TERCEIRA PARTE - NA SAGA DE UMA FAMÍLIA, A HISTÓRIA DO RIO GRANDE/ 24.10.95

1

	123456789012345678901234567890123456789012345678901234567890123456789012
TÉCNICA -	CARACTERÍSTICA - ARQUIVO peergynn-morningmood.mp3 - RODA 10" E VAI A BG
Amaury -	Memória Erico - Terceira parte - Na saga de uma família, a história do Rio Grande./
TÉCNICA -	CARACTERÍSTICA - SOBE, RODA 10", VAI A BG, CORTA E EMENDA COM MÚSICA - ARQUIVO gaudencioseteluas.mp3 - NO TRECHO DE 50":
	D.I.: (instrumental) "A lua é um tiro ao alvo...
	D.F.: ...já relampeja minha adaga."
	EMENDA COM FUNDO MUSICAL - ARQUIVO umcertocapitaorodrig.mp3 - ATENÇÃO: *EDITAR TRECHO INSTRUMENTAL PARA UTILIZAÇÃO EM BG/ NARRAÇÃO COM BIRA E-MENDA QUASE IMEDIATAMENTE APÓS D.F. INDICADA)*
Bira -	Um dia, o capitão Rodrigo Cambará, de tantos entreveros com os castelhanos, chegou a cavalo em Santa Fé./ Vinha ninguém sabe de onde./ Chapéu de barbicacho puxado para a nuca./ Cabeça erguida em porte altivo./ E o olhar de gavião fascinando e irritando as pessoas./
TÉCNICA -	FUNDO MUSICAL - VAI A BG, CORTA E EMENDA COM EFEITO SONORO ARQUIVO cavalgada.mp3 *(ATENÇÃO: NÃO DEVE OCORRER PAUSA NO TEXTO LIDO PELO BIRA/ FICA EM BG CRESCENDO À MEDIDA QUE SE APROXIMA O TRECHO DE DEIXA FINAL "...ele apeou do alazão")*
Bira -	Com seus 30 e tantos anos, Rodrigo trazia no pescoço o lenço encarnado, esvoaçando como uma bandeira./ A roupa traía seu passado de várias peleias: dólmã militar azul, com gola vermelha e botões de metal./ Nas botas, brilhavam as chilenas de prata./ No centro de Santa Fé, ele apeou do alazão./
TÉCNICA -	SOBREPÕE EFEITO SONORO - ARQUIVO caminhandosobrecascalho.mp3
Bira -	Arrastando as esporas e batendo o rebenque nas coxas, entrou na venda do Nicolau./

Continua →

RÁDIO

MEMÓRIA ERICO
TERCEIRA PARTE - NA SAGA DE UMA FAMÍLIA, A HISTÓRIA DO RIO GRANDE/ 24.10.95

2

	123456789012345678901234567890123456789012345678901234567890123456789012
TÉCNICA -	SOBREPÕE EFEITO SONORO - ARQUIVO portaabrindo.mp3
	EMENDA COM EFEITO SONORO - ARQUIVO algazarradebar.mp3
	(ATENÇÃO: SOM DO BAR PERMANECE EM BG NA NARRAÇÃO DO BIRA)
Bira -	Com ar de velho conhecido, foi logo gritando:/
"Rodrigo" -	(*gritando*) **Buenas** e me espalho!/ Nos pequenos dou de prancha, nos grandes dou de talho!/
Bira -	No canto do bar, ferido em seus brios, um moço moreno puxou a faca e respondeu à altura:/
"Juvenal" -	(*em tom de desafio*) Pois dê!/
"Rodrigo" -	(*jovial*) Incomodou-se, amigo?/
"Juvenal" -	(*sério e desconfiado*) Não sou de briga, mas não costumo aguentar desaforo./
"Rodrigo" -	Oooooi, bicho bom!!!/
TÉCNICA -	EMENDA COM MÚSICA - ARQUIVO caprodrigo.mp3 NO TRECHO DE 25":
	D.I.: (*instrumental*) "Mientras que tomo um trago...
	D.F.: ...su corazón."
	VAI A BG
Amaury -	Da primeira parte de *O tempo e o vento*, *O continente*, de Erico Verissimo./
TÉCNICA -	FUNDO MUSICAL - SOBE, RODA 10", VAI A BG E CORTA, EMENDANDO COM O TRECHO - ARQUIVO caprodrigoedit.mp3 - NO TRECHO DE 30"
	D.I.: "No fio de uma espada...
	D.F.: ...trazia morte no seu coração."
	EMENDA COM FUNDO MUSICAL - TRECHO INSTRUMENTAL EDITADO - ARQUIVO caprodrigoeinst.mp3 - QUE RODA 10" E FICA EM BG

Continua →

MEMÓRIA ERICO
TERCEIRA PARTE - NA SAGA DE UMA FAMÍLIA, A HISTÓRIA DO RIO GRANDE/ 24.10.95

Negreiros -	As centenas de páginas de *O tempo e o vento* trazem personagens inesquecíveis como o fanfarrão, mulherengo e irrequieto capitão Rodrigo Cambará./ Os três volumes da obra têm como pano de fundo a história gaúcha da época das missões, no século 17, até a deposição de Getúlio Vargas em 1945./
TÉCNICA -	FUNDO MUSICAL - SOBE, RODA 10" E VAI A BG
Negreiros -	A colonização e a luta pela consolidação política do Rio Grande do Sul aparecem em *O continente*, publicado em 1949./ De Pedro Missioneiro, um índio criado por jesuítas, a Licurgo Cambará, chefe político vitorioso na Revolução de 1893, Erico desenvolve figuras como Ana Terra e Bibiana, além do próprio capitão Rodrigo./ É o trecho de *O tempo e o vento* em que há a maior presença da pesquisa realizada pelo autor, embora Erico tenha usado de certa liberdade de criação, como explica o folclorista Antonio Augusto Fagundes./
TÉCNICA -	FUNDO MUSICAL - SOBE, RODA 10", VAI A BG, CORTA E EMENDA COM GRAVAÇÃO - ARQUIVO entrevistaaaf.mp3 - 51" D.I.: "Erico Verissimo, ao escrever *O continente* ... D.F.: ...Cezimbra Jacques." EMENDA COM FUNDO MUSICAL - ARQUIVO inst1.mp3 - RODA 10" E VAI A BG
Negreiros -	Um importante diferencial aparece na maneira como Erico coloca a mulher na sociedade machista gaúcha do século passado./ Um exemplo é a forma como Ana Terra enfrenta as idas e vindas dos homens da família nos entreveros fronteiriços, simbolizada em uma frase que, de certa forma, dá nome à trilogia./
TÉCNICA -	SOBREPÕE EFEITO SONORO - ARQUIVO ventonasarvores.mp3 - FICA EM BG ATÉ O FINAL DA FALA SEGUINTE
"Ana Terra" -	(*voz de velha*) Noite de vento, noite dos mortos./

Continua →

RÁDIO

MEMÓRIA ERICO
TERCEIRA PARTE - NA SAGA DE UMA FAMÍLIA, A HISTÓRIA DO RIO GRANDE/ 24.10.95

TÉCNICA -	EMENDA COM MÚSICA - ARQUIVO romancedeanaterra.mp3 - NO TRECHO DE 50"
	D.I.: (*instrumental*) "Tem o filho de Pedro Missioneiro...
	D.F.: ... Anas da terra - Mães! E nada mais."
TÉCNICA -	VAI A BG, CORTA E EMENDA COM GRAVAÇÃO - ARQUIVO erico1.mp3 - 57"
	D.I.: "As personagens da minha infância ...
	D.F.: ...que as mulheres tenham na minha obra."
	EMENDA COM FUNDO MUSICAL - ARQUIVO inst2.mp3 - RODA 10" E VAI A BG
Negreiros -	A segunda parte de *O tempo e o vento* sai em 1951./
	O retrato gira em torno da personalidade de Rodrigo Terra Cambará, inspirado no pai de ERICO, o farmacêutico Sebastião Verissimo, um homem vaidoso que dividia seu tempo entre os prazeres de conquistas amorosas, as discussões políticas, os livros e as árias de óperas./
TÉCNICA -	CORTA E EMENDA COM FUNDO MUSICAL - ARQUIVO ladonnaemobile.mp3 - RODA 10" E VAI A BG
	(ATENÇÃO: APÓS O TRECHO INICIAL CANTADO, TRILHA FICA BEM NO FUNDO)
Bira -	Passava da meia-noite quando o pintor anarquista de Santa Fé, dom Pepe, apareceu no sobrado com os olhos brilhantes, a voz arrastada, o hálito alcoólico./ Rodrigo tinha passado a noite bebendo com amigos./
"Rodrigo" -	Pepe, não devias andar na rua a estas horas!/ Com licença de quem saíste da cama?/
"Pepe" -	(*nervoso, com voz arrastada*) **No he podido resistir, hijito./ Tengo que ver el Retrato esta noche./ No te enojes./ Estoy bien./**
Bira -	Pepe sentou-se em frente à tela que pintara semanas antes./ Ficou a mirá-la com apaixonada fixidez./ Rodrigo passou-lhe uma taça de champanhe, que o pintor bebeu distraído, com ar de quem não sabe o que está fazendo./

Continua →

MEMÓRIA ERICO
TERCEIRA PARTE - NA SAGA DE UMA FAMÍLIA, A HISTÓRIA DO RIO GRANDE/ 24.10.95

"Pepe" -	Coño, hay que respectar el castellano./ Puede ser un borracho, un miserable, puede no tener dinero ni carácter./ (*empolgado*) Pero, mierda, don Pepe García es un artista, un verdadero artista./
"Rodrigo" -	À saúde do artista e de sua obra-prima!/
Bira -	O pintor atirou com força a taça de champanhe no chão./
TÉCNICA -	SOBREPÕE EFEITO SONORO - ARQUIVO vidroquebrando.mp3
Bira -	Don Pepe se aproximou de Rodrigo e segurou, nervoso, a gola do casaco do amigo./
"Pepe" -	(*emocionado*) Todo pasará, hijo./ Tu padre, tu hermano, tu tía, tus hijos, tú./ Pero el retrato quedará./ Tú envejecerás, pero el retrato conservará su juventud./ Vamos, Rodrigo, despídete del otro./ Hoy ya estás más viejo que en el día en que terminé el cuadro./ Porque hijito, el tiempo es como un verme que nos está a roer despacito y es del lado de acá de la sepultura que nosotros empezamos a podrir./
Negreiros -	O Rodrigo de *O retrato* herda do capitão Rodrigo da Guerra do Paraguai e da Revolução Farroupilha o lado mulherengo e a personalidade encantadora./ O soldado - homem do campo do século 19 - reencarna, de certo modo, no irmão Toríbio, figura calcada em um tio de Erico Verissimo./
TÉCNICA -	FUNDO MUSICAL - SOBE, RODA 10", VAI A BG, CORTA E EMENDA COM GRAVAÇÃO - ARQUIVO erico2.mp3 - 1'09" D.I.: "Toríbio de *O tempo e o vento*... D.F.: ...eu descobri a origem." EMENDA COM FUNDO MUSICAL - ARQUIVO inst3.mp3 - RODA 10" E VAI A BG
Negreiros -	Onze anos depois de *O retrato*, a Globo publica *O arquipélago*, a terceira e última parte de *O tempo e o vento*, na qual aparece um personagem claramente identificado com ERICO, como observa seu filho Luis Fernando Verissimo./

Continua →

RÁDIO

MEMÓRIA ERICO
TERCEIRA PARTE - NA SAGA DE UMA FAMÍLIA, A HISTÓRIA DO RIO GRANDE/ 24.10.95

	123456789012345678901234567890123456789012345678901234567890123456789012
TÉCNICA -	SOBE RODA 10", VAI A BG, CORTA E EMENDA COM GRAVAÇÃO - ARQUIVO luisfernando.mp3 - 20" D.I.: "Eu acho que, em *O tempo e o vento*, o Floriano... D.F.: ...terceiro volume de *O tempo e o vento.*" EMENDA COM FUNDO MUSICAL - ARQUIVO inst4.mp3 - RODA 10" E VAI A BG
Negreiros -	Pela literatura, Floriano vai superar os problemas com o pai, que, na prática, abandonara a família a exemplo de Sebastião Verissimo./ No final da sua trilogia, Erico reúne-se ao personagem./ Floriano começa a escrever a saga de sua família repetindo o primeiro parágrafo de *O tempo e o vento*./
TÉCNICA -	CORTA E EMENDA COM FUNDO MUSICAL - ARQUIVO inst5.mp3 - RODA 10" E VAI A BG
Bira -	Floriano sentou-se finalmente à máquina./ Ficou alguns segundos olhando para o papel como hipnotizado./ Depois escreveu num jato:/
TÉCNICA -	FUNDO MUSICAL - SOBE, RODA 10", CORTA E EMENDA COM EFEITO SONORO - ARQUIVO maquinadeescrever.mp3 - QUE FICA EM BG
"Floriano" -	Era uma noite fria de lua cheia./ As estrelas cintilavam sobre a cidade de Santa Fé, que de tão quieta e deserta parecia um cemitério abandonado./
TÉCNICA -	EFEITO SONORO - CORTA E FUNDE COM CARACTERÍSTICA - ARQUIVO peergynn-morningmood.mp3 - RODA 15" E VAI A BG
Amaury -	Amanhã, aqui na Band 640, *Memória Erico - Quarta parte - Sonhos de criança*./
TÉCNICA -	CARACTERÍSTICA - SOBE, RODA 10" E VAI A BG

Continua →

MEMÓRIA ERICO
TERCEIRA PARTE - NA SAGA DE UMA FAMÍLIA, A HISTÓRIA DO RIO GRANDE/ 24.10.95

7

```
         123456789012345678901234567890123456789012345678901234567890012
Amaury - Memória Erico é uma realização da Central Band de Jornalismo./ Produção:
         Luiz Artur Ferraretto e Lúcia Porto./ Entrevistas: Lúcia Porto e
         Carlos Alberto Cardoso./ Locução: Bira Valdez, Carlos Alberto Negreiros
         e Paulo Amaury./ Equipe técnica: Genésio de Souza, Dickson Ricardo e
         Edson Leandro./ Participaram deste programa: Paixão Côrtes como capitão
         Rodrigo; Ibsen Pons como Juvenal, Pepe García e Floriano;
         Oscar Simch como Rodrigo Terra Cambará; e Maria Inês Falcão
         como Ana Terra./ A Central Band de Jornalismo agradece a colaboração do
         Museu de Comunicação Social Hipólito José da Costa e da rádio
         F-M Cultura.//
TÉCNICA - CARACTERÍSTICA - SOBE, RODA 10", VAI A BG E CORTA
```

Exemplo 60 – Roteiro de documentário

Os programas especiais

No rádio do Brasil, a palavra *especial* remete ao seu significado dicionarizado: algo "próprio, peculiar, específico, particular", "fora do comum, distinto" ou "exclusivo" (Ferreira, 1983, p. 565). É aplicada, portanto, a (1) irradiações diferenciadas de programas que constam da grade normal da emissora; e (2) a atrações isoladas e elaboradas em função de acontecimentos específicos. A sua realização envolve tanto assuntos (1) *previstos* quanto (2) *imprevistos*. No primeiro caso, incluem-se: datas do calendário comercial, cultural, esportivo, histórico e religioso (Páscoa, Dia das Mães, Dia dos Namorados, Dia dos Pais, Dia das Crianças, Sete de Setembro, Finados, Natal...); congressos, encontros e seminários; feiras setoriais; eventos esportivos; visitas de personalidades nacionais e internacionais; e outros acontecimentos semelhantes. Normalmente, nesses casos, as rádios comerciais desenvolvem projetos bem definidos. Os departamentos comercial e de jornalismo e/ou esportes atuam conjuntamente. Obviamente, a pauta do programa não deve ser condicionada aos anunciantes. Por exemplo, a transferência de um programa do estúdio da rádio para o local em que ocorre uma feira setorial não pode se transformar em louvação de determinado patrocinador, mesmo que este seja da área de abrangência do evento. No entanto, a transmissão vai, com certeza, adquirir alguma característica institucional em relação a essa feira em si. No segundo caso, a pauta volta-se a acontecimentos em geral fora do cotidiano local, nacional ou internacional: pacotes econômicos, decisões políticas importantes, morte de personalidades...

A realização de programas especiais não se limita a emissoras de formatos mais falados. Uma rádio musical, por exemplo, divulgando o falecimento de um cantor de relevância para o seu público, pode transmitir um especial com os grandes sucessos desse intérprete em particular, intercalando as canções com comentários de um comunicador.

A produção de programas especiais

Por óbvio, quando um programa especial possui uma pauta passível de ser prevista anteriormente, realiza-se um considerável esforço de planejamento que envolve, além de apresentadores, produtores e repórteres, as áreas comercial e técnica. A transmissão ao vivo de um *shopping center* na véspera do Dia dos Namorados ou de um parque de exposições em outra cidade no qual há uma feira setorial exige até mesmo o deslocamento, dias antes, de produtores e operadores de áudio para a verificação de condições técnicas, espaços a ser ocupados e/ou possíveis pautas. Há todo um trabalho de pesquisa prévio, traduzido em fichas com dados que vão auxiliar o âncora e os repórteres nas entrevistas e na descrição de atrações. Fora isso, há de se prever a infraestrutura necessária: conexões para equipamentos, diárias, linhas de transmissão, locais de alimentação e estadia, formas de transporte... Já os programas realizados com base em assuntos imprevistos, embora representem certa quebra de rotina, seguem o esquema cotidiano de produção: busca de informações específicas, consulta a relações de fontes, agendamento de entrevistados, pautas para participações de repórteres...

Recomendações gerais

1. Dentro das possibilidades do cronograma, na produção de documentários e programas especiais, procure obter o máximo de informações e material disponível a respeito do assunto enfocado.

2. Fique aberto a novos enfoques e proposições suscitadas pela coleta de material. No entanto, lembre-se da linha que foi traçada inicialmente. Constantes modificações em relação à proposta já discutida e definida podem dificultar ou inviabilizar a estruturação do produto final.
3. No caso de documentários, o usual no Brasil é optar pela condução por narrador(es). Sem essa figura – o que é possível –, a edição exige mais cuidados e obriga à identificação de protagonistas e testemunhas por eles próprios. São essas fontes, ainda, que terão de descrever todo o conteúdo. Tal prática já é difícil em trechos curtos, imagine em um documentário de 30'. Trata-se de trabalho muito mais demorado, o que nem sempre é possível em uma emissora comercial dedicada ao jornalismo. O custo da produção também pode exceder os apertados orçamentos de rádios culturais, educativas ou públicas. Fora isso, há o risco de essa prática, se mal trabalhada, gerar um resultado enfadonho, com uma sucessão de pessoas que se identifica e, em seguida, dizem algo.
4. Na edição de documentários, procure combinar de modo harmonioso pontos convergentes e divergentes apresentados em depoimentos e entrevistas, dando mais fluidez ao programa e facilitando a compreensão de seu conteúdo por parte do ouvinte.
5. Ao redigir roteiros, faço-o considerando, dentro do possível, a duração total do documentário. No entanto, lembre-se de que, por vezes, há uma diferença considerável entre o que se prevê no papel e a sua realização sonora.
6. Em documentários e programas especiais, o limite da criatividade posiciona-se na possibilidade de compreensão por parte do público e nos recursos de que a emissora dispõe para a produção. Ignorar esses parâmetros constitui-se no primeiro passo para uma produção malsucedida.

14. Os *spots* e os *jingles*

A produção de *spots* e *jingles* constitui-se no campo da publicidade em que a criatividade e a persuasão encontram-se – na divulgação com finalidade comercial deste ou daquele produto ou serviço – com a complexidade da linguagem radiofônica. Fique claro que, no meio rádio, o espaço destinado aos comerciais em geral – no caso das emissoras voltadas ao lucro – ou do chamado apoio cultural[29] – no das demais estações – não se resume a essas duas modalidades. *Spots* e *jingles* representam, no entanto, em termos de produção sonora, modalidades mais desenvolvidas de expressão. De modo abrangente e genérico, Clóvis Reis (Enciclopédia Intercom de Comunicação, v. 1, 2010, p. 87) define o anúncio radiofônico como um relato "que o anunciante veicula para se comunicar com o seu público-alvo" emitido em "diferentes modalidades, de acordo com o objetivo publicitário, a estratégia criativa e o meio que se emprega para a sua emissão". Observa, ainda, que esse tipo de conteúdo aparece distribuído de diversas maneiras dentro da programação das emissoras: "(a) durante a transmissão de um programa; (b) na pausa publicitária (intervalo comercial); e (c) em um espaço autônomo, diferenciado e delimitado, que segue estrutura semelhante a um programa". Ampliando essas considerações do pesquisador catarinense, na segunda década do século XXI, com a sua recepção consolidada no celular, no computador e em tecnologias relaciona-

---

[29]. Forma de anúncio limitada à veiculação de mensagem institucional em que o patrocinador aparece identificado pelo nome, podendo incluir ainda o seu endereço físico e/ou eletrônico junto ou não do seu número de telefone. É proibido, no entanto, o anúncio de produtos, bens, serviços, promoções, preços, ofertas, condições de pagamento ou quaisquer outras vantagens voltadas à promoção do anunciante.

das, constata-se que as emissoras – indo ao encontro da ideia de rádio expandido (Kischinhevsky, 2011) – passam a incluir nas tabelas de comercialização espaços vinculados a esses suportes em aplicativos e *sites*.

Especificamente, o anúncio tradicional em rádio oferece inúmeras possibilidades (1) de *produção*, graças à disseminação de recursos tecnológicos em função da informatização e do custo relativamente reduzido na comparação ao de outras mídias; e (2) de *retorno*, pela abrangência das emissoras em termos de alcance de sinal – caracterizando-as como local, estadual, regional ou nacional –, cobertura territorial e diversidade de segmentos. Existem estações, em milhares de municípios, que atuam com conteúdos específicos para públicos determinados. Por suas características, o rádio, longe dos grandes centros, pode carrear, mesmo assim, verbas publicitárias e realizar promoções com os comerciantes e prestadores de serviços da localidade. Outras – pela potência de seus transmissores ou por sua atuação em rede ou via *web* – atingem grandes áreas do país, tornando-se atraentes para a veiculação de grandes campanhas publicitárias. Por óbvio, independentemente de onde esteja instalada, dentro de suas possibilidades a emissora busca atrair sempre os principais anunciantes do mercado em que está inserida. Portanto, trabalha tanto com o material oriundo das agências de publicidade e produtoras de áudio como com o elaborado na própria estação e resultante da venda direta de comerciais. Em todo esse processo, tem também de se adequar ao Código Brasileiro de Autorregulamentação Publicitária (1980), do qual a Associação Brasileira de Emissoras de Rádio e Televisão é uma das signatárias.

Vale-se, ainda, da duplicidade estabelecida entre emissor e receptor na configuração do rádio como um processo de comunicação ponto-massa: enquanto a mensagem se destina a todos, também pode, pelas sensações que desperta, simular que atinge cada ouvinte em particular. A respeito, são elucidativas as observações de Keith Reinhard (*apud* Aitchison, 2009, p. 52), presidente emérito do DDB Worldwide Communications Group, uma das principais *holdings* globais do setor de publicidade:

> Pense nisto. Em vez de pedir ao espectador que se identifique com uma família *típica* sentada numa *típica* mesa de jantar, em uma *típica* cozinha, construída no cenário de um *típico* comercial de TV, podemos trazer à mente do ouvinte a imagem de sua própria cozinha com um

simples lembrete: "Hoje à noite, quando sua família se sentar para jantar...". São apenas dez palavras, mas vão trazer um milhão de cozinhas diferentes à mente de um milhão de ouvintes diferentes – cada imagem perfeitamente precisa e personalizada para aquele consumidor específico. Pense bem: um milhão de imagens – e por muito menos dinheiro do que aquela cena *típica* que você tentou pintar na TV. [...] Quando estou no papel de ouvinte, você fornece as palavras e eu forneço as imagens.

Portanto, tal potencialidade, na verdade, não depende de uma sonoplastia sofisticada. Todas as formas de anúncios em rádio derivam, sim, de um bom texto e, obviamente, na base deste, de uma ideia criativa que *toca* cada ouvinte como se este fosse seu único destinatário.

Principais tipos de anúncio radiofônico

Embora a legislação brasileira, desde os anos 1920, tenha estabelecido limites para a veiculação publicitária em rádio, as diversas formas de anúncios empregadas no meio acabam por dificultar qualquer controle social dessa prática. O artigo 124 da Lei nº 4.117, de 27 de agosto de 1962, que instituiu o Código Brasileiro de Telecomunicações (Brasil, 1962), determina: "O tempo destinado na programação das estações de radiodifusão à publicidade comercial não poderá exceder de 25% (vinte e cinco por cento) do total". Tal medição torna-se, na prática, impossível, uma vez que o espaço comercial apresenta uma variedade significativa de variações – para além do irradiado na forma de *spots* ou de *jingles* nos intervalos –, incluindo diversas manifestações de comunicadores em meio ao conteúdo editorial, algumas delas, em realidade, confundindo o ouvinte, como no caso dos chamados testemunhais.

Ciente dessa diversidade e das intencionalidades a ela relacionadas, a classificação a seguir procura conciliar categorizações apresentadas por Clóvis Reis (2008) e Júlia Lúcia de Oliveira Albano da Silva (1999), principais autores brasileiros da área de publicidade radiofônica, com o que aparece nas tabelas comerciais das emissoras de conglomerados como o Grupo RBS, de Porto Alegre (Grupo RBS, 2013), e as Organizações Globo, do Rio de Janeiro (Sistema Globo de Rádio, 2013). A tipologia a seguir aparece agrupada em quatro categorias: (1) *anúncios veiculados dentro ou junto ao conteúdo editorial*; (2) *anúncios veicula-*

dos nos intervalos comerciais; (3) *anúncios vinculados a novos suportes*; e (4) *ações de* marketing, *promoções e outras modalidades relacionadas*.

Anúncios veiculados dentro ou junto ao conteúdo editorial

Assinatura

Uma das primeiras formas de abrigar os grandes anunciantes dentro da veiculação comercial em uma emissora de rádio, esse tipo de anúncio consiste, como indica a sua denominação, em assinar, com o nome de uma empresa, instituição, produto ou serviço, um conteúdo radiofônico. Pode se tratar de um programa em si, programete ou quadro. São exemplos a Standard Oil Company of Brazil (depois Esso Brasileira de Petróleo), com o noticiário Repórter Esso; e a Colgate-Palmolive, com o Grande Teatro, que levava seu nome e lançou no país *Em busca da felicidade*, novela tida como pioneira nesse tipo de entretenimento no país.

Patrocínio

A prática de um ou mais anunciantes associarem o seu investimento a determinado conteúdo radiofônico – um programa da grade normal ou mesmo uma irradiação especial – remonta às origens do rádio como meio de comunicação de massa. De fato, é anterior à conformação de programas como começa a se tornar mais frequente na década de 1930 e predominante desde os anos 1940. Está presente já nos chamados quartos de hora oferecidos por esta ou aquela casa comercial. Pode-se dizer que a assinatura se constitui, dentro dessa lógica, em uma forma mais explícita de patrocínio. Modernamente, no entanto, sem essa vinculação, o termo remete ao(s) anunciante(s) fixo(s) de determinada atração, incluindo a citação ou não nas chamadas, a veiculação associada a um *top*[30] de três ou de cinco segundos, a inclusão de textos-foguete[31] e/ou a irradiação de comerciais nos intervalos.

---

30. Contagem regressiva de tempo, intercalando o número em si com a citação do patrocinador. Geralmente, utilizada em transmissões especiais e/ou em rede, por exemplo, nas irradiações de grandes coberturas esportivas.

31. Um *slogan* ou frase de efeito lido ao vivo pelo apresentador normalmente nas passagens de bloco, relacionando o nome do programa ao do anunciante e de seu principal argumento de venda.

De acordo com Clóvis Reis (2008, p. 47), o patrocínio trabalha a marca do anunciante ao demonstrar um interesse que vai além do comercial, uma preocupação "com outros aspectos da vida do consumidor, como suas necessidades de entretenimento e informação", tudo isso consequência da associação à imagem de um conteúdo radiofônico específico.

Testemunhal

Tipo de anúncio que explora a credibilidade e a relação de empatia com o ouvinte de determinado comunicador, que atesta ao microfone as qualidades de um produto ou serviço, o testemunhal é considerado por muitos profissionais de rádio uma forma arriscada e, por vezes, antiética de publicidade. Nessa linha mais crítica e sensata, observa o jornalista Heródoto Barbeiro no prefácio de *Rádio: oralidade mediatizada*, de Júlia Lúcia de Oliveira Albano da Silva (1999, p. 12):

> Algumas empresas não se limitam a vender o *spot*, vendem *testemunhais* de comunicadores em que estes empenham sua credibilidade junto à audiência para convencer que devem tomar a cápsula de cartilagem de tubarão, porque ele conhece gente que sarou de câncer e da aids tomando o *remédio*. Ou então o xarope que curou a tosse do filho na noite anterior permitindo que ele apresentasse programa de rádio do dia. Essas são formas economicamente ultrapassadas, mas ainda comuns no rádio de uma forma geral.

Não se ignore, no entanto, a existência dessa prática, mais frequente quando se trata de espaços terceirizados de programação em que um comunicador se encarrega, além da condução do programa, de sua comercialização.

Entrevista e reportagem comerciais

Trata-se de uma participação, em geral, ao vivo e no mesmo horário dentro de determinado programa. Não é, em realidade, nem entrevista, nem reportagem, que obviamente se relacionam com o jornalismo e não com os anúncios. Constitui-se em uma prática mais frequente em emissoras do segmento popular. No caso da chamada entrevista, o comunicador conversa com uma pessoa do *staff* de uma loja ou do setor de vendas diretas ao consumidor de uma pequena indústria. Pode ser um gerente ou um vendedor. A interação na forma de entrevista destaca as vantagens do produto e/ou de determinada oferta – do dia, da semana, do mês ou em relação a alguma data do calendário comercial. Já no caso da assim chamada reportagem com essa finalidade, um profissional da rádio desloca-se para a empresa anunciante, de onde intervém na programação com testemunhais seus e mesmo entrevistas com gestores, vendedores e até consumidores. Esta última consiste no que Clóvis Reis (2008, p. 52) chama de unidade móvel – ou, como registra também, de *flash*, denominação presente em algumas tabelas de emissoras –, tendo "o objetivo de prestar uma informação sobre o anunciante, difundir uma oportunidade promocional ou melhorar a imagem de um produto ou uma marca". As duas formas aqui descritas, de fato, vão ao encontro dessa perspectiva. Por vezes, aparecem também como programas ou programetes. A seu respeito, valem considerações semelhantes às relacionadas aos testemunhais: confundir conteúdo editorial com o publicitário não pode ser considerada uma prática totalmente lícita.

Anúncios veiculados nos intervalos comerciais

Jingle

Conforme o *Oxford English dictionary* (2009), esse vocábulo da língua inglesa aparece associado, por volta de 1600, em seu sentido mais comum e antigo, à ideia de um som agudo ou vibrante. Ao longo do século XVII, indica uma série de palavras em sequência com sons similares formando propositalmente: (1) *aliterações*, repetição de fonemas iniciais semelhantes; (2) *assonâncias*, repetições ritmadas da mesma vogal acentuada; ou (3) *rimas*, reiterações de sons iguais ou similares em intervalos determináveis e reconhecíveis. Identifica, então, arranjos destinados a produzir sonoridades agradáveis sem levar em conta o sentido, seja em prosa ou verso. Tal técnica com finalidade comercial está presente, desde o século XVI, no trabalho dos pregoeiros a gritar anúncios de produtos à venda ou declarações oficiais pelas ruas de cidades europeias e estadunidenses. Com o advento do rádio, a palavra *jingle* passa a ser empregada para os anúncios cantados que exploram o efeito persuasivo da repetição de ideias e sons.

Nesse sentido, o objetivo é produzir uma construção sonora tão cativante ao ponto, como destacam Eduardo Vicente e Júlia Lúcia de Oliveira Albano da Silva Reis (Enciclopédia Intercom de Comunicação, v. 1, 2010, p. 728), de se transformar em um *earworm*, expressão estadunidense "utilizada para descrever aquelas canções que não saem da memória nem quando o indivíduo deseja". Os mesmos autores observam a respeito da letra e da música de um *jingle*:

> [...] utiliza recursos como a aliteração, a repetição, a rítmica e a rima em canções estruturadas a partir de frases curtas e, em muitos casos, marcadas pelo humor.
>
> No campo mais propriamente musical, os *jingles* podem lançar mão de recursos como o uso de gêneros musicais que aproximem a sua mensagem do público-alvo desejado; a paródia de melodias conhecidas, que facilitem a sua memorização; ou o uso de rifões e melodias simples que possam ser facilmente cantadas pelos receptores.

O *jingle* pode tanto ser uma composição original como usar alguma melodia ou ritmo conhecido como referência. Neste último caso, há a menção remota e identificável de forma sutil, sem ferir a legislação a respeito dos direitos autorais, ou, o que por vezes é preferível, uma negociação para o uso da canção em sua forma mais conhecida ou em versão, incluindo da simples alteração do intérprete original a mudanças no arranjo e/ou na letra.

Embora possam ter também duração de 15 ou 60 segundos, os *jingles* possuem, em geral, 30 segundos. No caso dos destinados a campanhas políticas, é comum, no entanto, a produção de um básico com duração maior – para uso, por exemplo, em carros de som e comícios – e de versões reduzidas deste para o rádio e a televisão, explorando o refrão. Em produtos ou serviços, pode se apresentar isoladamente voltado apenas para o rádio ou em produções para outras mídias – geralmente, televisão –, por vezes em versões levemente diferenciadas e até com durações diversas para uso em eventos e promoções.

Spot

Com o advento da radiodifusão, o substantivo inglês *spot* – originariamente usado para designar um estigma moral, uma marca negativa (Oxford, 2009) – passou a indicar os anúncios curtos no intervalo das transmissões, explorando, do sentido da palavra, a ideia de algo que se destaca ou pretende se destacar em meio a dado contexto. Assim, as agências de publicidade e as emissoras de rádio dos Estados Unidos apropriam-se do termo para indicar o tipo de texto breve, que pode utilizar músicas, efeitos sonoros e silêncio, mas com a maior parte de sua força recaindo, não raro, sobre o poder da palavra falada.

A exemplo dos *jingles*, esse tipo de anúncio pode ser produzido com duração de 15 ou 60 segundos, mas o mais comum, no Brasil, são os com 30 segundos. Em termos de conteúdo e forma, de acordo com Clóvis Reis (2008, p. 43), os *spots* baseiam-se em "diferentes técnicas narrativas, como a apresentação direta, a dramatização, o testemunho de celebridades, entre outras possibilidades". A respeito, Júlia Lúcia de Oliveira Albano da Silva (Enciclopédia Intercom de Comunicação, v. 1, 2010, p. 1.133), observa: "Criatividade, humor e erotismo têm sido os ingredientes que marcam o *spot* produzido pela publicidade brasileira e tal característica está diretamente ligada ao fato de ser o povo brasileiro resultado de um caldeirão de etnias e fortemente marcado pela cultura oral".

Texto cabine
Nas emissoras de rádio e mesmo no mercado publicitário, essa modalidade de anúncio por vezes se confunde, em uma simplificação exagerada, com o *spot*. Em realidade, o texto cabine reduz-se à locução e, em geral, é proveniente do contato direto da emissora com o anunciante, constituindo-se na forma mais simples de veiculação comercial durante os intervalos. Já o *spot* engloba alguma sofisticação no uso dos elementos da linguagem de rádio.

Anúncios vinculados a novos suportes

Com o rádio presente na internet e em celulares – em especial, os chamados *smartphones* –, os departamentos comerciais das emissoras passaram a oferecer novos espaços de veiculação para além das irradiações. Nos portais de conteúdo em que se transformaram as páginas das emissoras, foram incluídos, de início, *banners*[32]. Logo, a exemplo dos meios impressos, surgiram selos publicitários a identificar patrocinadores de *blogs* de comunicadores e outros conteúdos. À medida que se desenvolveram as possibilidades multimidiáticas da rede mundial de computadores, outras opções ganharam forma, incluindo mesmo comerciais em vídeo, de animações simples a material anteriormente pensado e produzido para a veicula-

---

32. Tipo de anúncio mais comum na internet, caracterizado geralmente por imagens associadas a *links*.

ção exclusiva em emissoras de televisão e/ou em salas cinematográficas. Uma alternativa é oferecer espaço para anúncio nos aplicativos em que as estações de rádio são captadas na internet ou nos *smartphones*.

Ações de *marketing*, promoções e outras modalidades relacionadas
A rigor, essa categoria inclui modalidades que não se caracterizam propriamente como anúncios, mas representam aproximações e mesmo parcerias da emissora com anunciantes. A base desse tipo de ação está na proximidade entre a imagem do parceiro comercial e/ou institucional e a identidade construída pela emissora com seu público. Nesse sentido, nas estações musicais, são comuns as promoções baseadas em distribuição de brindes quando do lançamento de álbuns e da realização de *shows*, incluindo, neste último caso, ingressos. Nas emissoras faladas – segmentos de jornalismo e popular –, por vezes, essas ações aparecem relacionadas a datas dos calendários comercial, cultural, esportivo, histórico e religioso (Páscoa, Dia das Mães, Dia dos Namorados, Dia dos Pais, Dia das Crianças, Natal, campeonatos de futebol...).

O *spot*, o *jingle* e a linguagem radiofônica

Como todo produto radiofônico, o anúncio baseia-se em uma associação que se pretende adequada entre o seu conteúdo e a sua forma. Tal associação engloba do texto puro e simplesmente gravado sobre um fundo musical ao *jingle* planejado e executado para se transformar em um *earworm*, passando pelo esquete dramaturgicamente construído. Obviamente, o objetivo final é a motivação para o consumo de um produto ou serviço. Ao se posicionar no âmbito da criação publicitária, *spots* e *jingles* não se submetem a fórmulas prontas ou estáticas. De fato, o que se apresenta na sequência são parâmetros e recomendações cuja abrangência e adequação podem e devem ser questionadas, adaptadas e até ultrapassadas, embora sob a prevalência sempre do bom senso.

Nesse processo, Robert McLeish (2001, p. 97) destaca a necessidade de se considerar cinco elementos: (1) o *público-alvo* pretendido pelo anunciante; (2) o *produto* ou o *serviço* anunciado, mais especificamente o que vai ser destacado a respeito deste; (3) a *redação*, ou seja, o texto em si, contemplando, além das próprias palavras, o estilo empregado; (4) a(s) *voz(es)* utilizada(s), trabalhada(s) no sentido de reforçar, pela interpretação do que foi redigido, a abordagem escolhida para a campanha como um todo ou para o comercial específico; e (5) o *pano de fundo*, isto é, a necessidade de ser empregados ou não efeitos sonoros e músicas. Acrescenta-se que devem ser observados também os recursos – econômicos, humanos, técnicos... – disponíveis. Obviamente, tem-se um anúncio mais qualificado quando estão envolvidas agências de publicidade e produtoras de áudio. Nas situações em que a criação e a produção ficam a cargo da própria emissora, prática comum em especial nos mercados de menor porte, a simplicidade dá a tônica, sendo mesmo preferível a conteúdos pretensamente mais elaborados cujo rebuscamento não surte os resultados esperados e, ao contrário, indica, uma elaboração apressada e sem recursos. Em um nível de produção mais consistente, planeja-se o *spot* ou o *jingle* dentro de um contexto que pode englobar outros meios. No sentido estrito, o do anúncio em si, Rodolfo Dantas Soares (2006, f. 111) observa, baseando-se em uma análise da produção publicitária para o meio e no depoimento de profissionais:

> Na mídia radiofônica, essencialmente sonora, é importante que o ouvinte seja "acordado" [*expressão utilizado por um dos profissionais entrevistados pelo pesquisador*] para ouvir um determinado anúncio em meio a tantos outros programados para o *break* comercial. Um *spot* ou um *jingle* que se inicia deve se preocupar em reter a atenção do ouvinte, logo nos segundos iniciais da sua apresentação.
> Na publicidade radiofônica, pode-se destacar os seguintes estímulos iniciais: *introduções musicais*; *vocativos* (termo usado para chamar alguém); *efeitos sonoros* (gritos, efeitos de impactos, cenas criadas com efeitos sonoros etc.); *silêncio*; *afirmações* de verdades "absolutas" (frases afirmativas com baixo nível de questionamento pela maioria do público-alvo; *conflitos*; *interrogações*; *promessas* (algo de positivo acontecerá com o uso do produto); *ordens*; etc. Alguns *spots* pouco criativos preferem estimular a atenção do ouvinte dizendo o *nome do produto*.

Na produção do anúncio, pode-se optar por diversas estratégias: de um texto bem redigido, corretamente interpretado pelo(s) locutor(es) e com pouco ou nenhum acréscimo de efeitos e de trilhas, a depoimentos de celebridades, passando pelo recurso esquetes dramatúrgicos amparados no conflito de ideias, no humor, no contraste – sutil ou mais explícito – com a concorrência, na repetição estruturada de argumentos de consumo e/ou em quaisquer outros artifícios adequados aos objetivos pretendidos. No caso brasileiro, do ponto de vista ético, o limite apresenta-se – sempre convém destacar – no código e nas resoluções do Conselho Nacional de Autorregulamentação Publicitária.

A respeito da produção, já no início da década de 1960, a McCann-Erickson Publicidade S.A. (1962, p. 194-95) recomendava que, ao criar anúncios para rádio, os profissionais da agência explorassem as possibilidades de *associação*, aproximando sensações e sonoridades relacionadas, e de *repetição*, reforçando argumentos quantas vezes fosse considerado adequado fazê-lo. Esses fatores deveriam necessariamente ser considerados em textos com *frases e expressões populares* – ou correntes entre o público-alvo – e construídos de forma a possibilitar um *ritmo* adequado ao anúncio. Tudo, ainda, buscando certa *originalidade* para diferenciá-lo em meio a outros conteúdos semelhantes e baseando-se em um *argumento* central ou único. A agência resumia isso em cinco princípios:

> 1) A repetição é a chave do sucesso na propaganda pelo rádio.
>
> 2) A associação completa e reforça o trabalho executado pela repetição.
>
> 3) O ritmo e a originalidade são condições essenciais para que a mensagem de rádio fique na memória do consumidor.
>
> 4) A linguagem popular é a única forma bem aceita na mensagem pelo rádio. Ninguém fala como escreve. A mensagem de rádio é para ser ouvida e não para ser lida. Ela precisa ter o sabor, a naturalidade e a simplicidade de uma frase do povo para o povo.
>
> 5) É preciso dizer pouco para ficar lembrado e não dizer muito que será esquecido. (McCann--Erickson, 1962, p. 195)

Cabe ressaltar que a força, por exemplo, de um argumento de venda obviamente não se embasa apenas em um *spot* ou em um *jingle*. Relaciona-se com a frequência de veiculação destes e mesmo com a adequação ao público atraído pelo conteúdo da programação no momento de sua irradiação. Combina-se, por exemplo, com outros *spots* ou mesmo *jingles* de campanhas anteriores ou com os da que está sendo desenvolvida. Apoia-se e ganha mais força a partir de uma fase anterior – com anúncios diferenciados, mas cuja linguagem remete aos atualmente veiculados –, além de poder preparar para a etapa seguinte, tudo de maneira planejada e coordenada.

O texto e a voz

Como já observado anteriormente, o texto radiofônico tem a particularidade de uma escrita orientada para a oralidade sem que, nesse processo, o receptor possa (com raríssimas exceções) questionar o emissor em busca de esclarecimentos ou mesmo de uma simples repetição do anteriormente transmitido. Tal característica impõe ao publicitário que produz para o rádio o desafio de, no curto espaço de 15 a 60 segundos, atrair e reter a atenção do público, além de gerar o grau de persuasão necessário aos objetivos do anunciante. Tudo isso, no entanto, depende de uma locução adequada e da correta combinação desta, se for o caso, às trilhas e aos efeitos.

O texto constitui-se no "coração de um anúncio", conforme a expressão de Robert McLeish (2001, p. 99), autor que destaca, ainda, dois pontos importantes: "(1) bem escolhidas, palavras adequadas não custam mais do que melosos clichês; e (2) o rádio é um meio que cria imagens". Para tanto, como quer Júlia Lúcia de Oliveira Albano da Silva (1999, p. 41), "o rádio recorre à redundância e ao seu poder de sugestão, a fim de retirar seu potencial ouvinte do estado de ouvir para o de escuta atenta e fazê-lo adentrar um universo permeado de elementos já há muito conhecidos". Como não é um texto pensado para ser lido, sua realização como mensagem depende da oralidade. Portanto, na exploração da sensorialidade do ouvinte, a voz tem também papel significativo. É a fala bem colocada que atribui o sentido correto aos vocábulos.

Cabe recordar que, por meio da palavra falada, são fornecidos dados concretos; constrói-se a continuidade narrativa; detalham-se cenários e personagens; apresentam-se ações no tempo e no espaço; indicam-se estados de ânimo; e, ao ser apresentados posicionamentos, estabelecem-se raciocínios. Determinado enfoque poderá exigir uma ou mais vozes: femininas ou masculinas; infantis, jovens ou adultas; mais ou menos agudas ou mais ou menos graves; claras, abafadas ou até inaudíveis; agradáveis ou irritantes; ásperas, chorosas, guturais, nasais ou roucas; conhecidas ou desconhecidas etc. Tudo a implicar, no momento da gravação, certo trabalho de direção e, posteriormente, na finalização, podendo ainda requerer alterações por meio de *softwares* de edição. Neste último caso, talvez esteja previsto que a voz deva soar como dentro de uma catedral e seja necessário aplicar o filtro correspondente. Trata-se de escolhas que devem se adequar aos objetivos da campanha também refletidos no texto. Acima de tudo, no entanto, vale a advertência do diretor de criação australiano David Droga (*apud* Aitchison, 2009, p. 209), um dos principais profissionais da área: "Por mais inteligente que seja uma propaganda de rádio, se parecer que alguém está lendo um roteiro escrito, você perde a atenção do público".

A música, os efeitos sonoros e o silêncio

Desde a segunda metade da década de 1960, quando o rádio baseado no espetáculo dos humorísticos, das novelas e dos programas de auditório deu lugar ao centrado na segmentação do público, *jingles* e *spots* caracterizam-se como os espaços em que a linguagem radiofônica tende a ser explorada no limite de suas possibilidades, um posto antes ocupado pela dramaturgia. A música e os efeitos sonoros constituem-se em elementos de significativa utilidade na construção da mensagem publicitária. O silêncio assume um papel mais relevante do que o usual, restrito à simples separação de vocábulos.

Os dois primeiros, como observa María Isabel Hernández Toribio (2006, p. 47 e 51), podem ter uma função mnemotécnica em um anúncio: a sonoridade de uma trilha musical ou de um efeito permite ao ouvinte reconhecer o anunciante, mesmo antes que a informação a respeito dele tenha sido emitida. Músicas pontuam uma narrativa radiofônica, auxiliam na descrição cenográfica, complementam ou reforçam o conteúdo e, mais especificamente no *jingle*, constituem por si só a comunicação publicitária. Remetendo a sonoridades existentes na realidade concreta ou oferecendo possibilidades abstratas desenvolvidas especificamente para significar algo na sonoplastia definida para o anúncio, os efeitos evocam imagens, pontuam a narrativa, marcam transições de espaço ou de tempo e podem até mesmo indicar estados de ânimo dos protagonistas. Já o silêncio, indo ao encontro das possibilidades oferecidas pelos demais elementos da linguagem radiofônica, potencializa a expressão, a dramaticidade e as variações de significado da mensagem.

A produção de *spots* e *jingles*

Ao escolher entre a produção de um *spot* ou a de um *jingle*, consideram-se as diferentes possibilidades oferecidas por esses dois formatos de anúncio. A respeito do primeiro, Clóvis Reis (2008, p. 44) observa:

> O *spot* é um formato de anúncio bastante versátil, utilizado com os mais diversos objetivos publicitários (informativos, promocionais, comparativos, de notoriedade da marca etc.). O formato contempla anunciantes de todos os setores de atividade econômica e âmbitos geográficos de atuação. Em geral, o anunciante local se inclina mais pelos primeiros objetivos, enquanto o anunciante nacional emprega o *spot* para fortalecer a imagem da marca.

Sobre o segundo, o pesquisador catarinense descreve possibilidades de uso baseando-se em autores como Henri Joannis – o *jingle* "é útil e muitas vezes necessário quando a argumentação da mensagem publicitária carece de atrativos ou quando o produto anunciado desempenha um papel de pouca importância na vida das pessoas" (Reis, 2008, p. 44) – e Mariola García Uceda – "constitui um formato eficaz quando o produto oferece benefícios emocionais", comunicando "sensações, estilos de vida e estados de ânimo" (Reis, 2008, p. 44-45). E acrescenta:

> [...] a maioria dos *jingles* tem o objetivo publicitário de promover a imagem da marca do anunciante, isto é, a percepção global que os consumidores têm a seu respeito. As letras se situam num nível afetivo e geram na mente do público-alvo um conjunto de ideias e juízos que envolvem a notoriedade da marca.

Especificamente, o *jingle* objetiva transformar-se em um *earworm* – "minhoca de ouvido" em uma tradução literal –, fenômeno descrito por James J. Kellaris (2003). O pesquisador da Universidade de Cincinnati constatou que o ser humano, em determinado nível de distração ou relaxamento, lembra-se de uma música, gerando uma espécie de incômodo no cérebro, e para amenizá-lo passa a repetir a canção sequencialmente. Repetitivo por natureza, o *jingle* busca explorar esse processo na tentativa de se consolidar, enquanto durar a campanha à qual se associa, como uma – no jargão do meio radiofônico – *música-chiclete*, grudada na mente de quem a ouviu, tornando-se difícil de ser esquecida.

A seguir, apresenta-se uma sequência de procedimentos para produção de *spots* e *jingles* livremente inspirada em proposições de Peter E. Mayeux (1985, p. 79-98), aqui adaptadas à realidade do rádio brasileiro: parte-se da análise (1) do *cliente* e do *produto ou serviço*, (2) do *público*, (3) da *concorrência* e dos *apelos de competitividade* e (4) do *posicionamento do produto ou serviço*; e da definição (5) do(s) *tipo(s) de apelo(s)*, (6) de um *plano de ação*, (7) do(s) *argumento(s) de comercialização* e (8) do *tipo de anúncio e de apresentação deste*; para que se passe à (9) *elaboração do roteiro* e à (10) *gravação e edição final*. Antes de detalhar esse esquema, recorda-se que, como registra Robert McLeish (2001, p. 97), um bom anúncio deve interessar ao ouvinte, informá-lo sobre o produto ou serviço, envolvê-lo naquela narrativa, motivá-lo para o consumo e direcioná-lo para que escolha o anunciante e não outras ofertas semelhantes.

A respeito do cliente, busca-se determinar:

1. O que fez anteriormente em termos de divulgação? Que meios de comunicação utilizou? Quais foram os resultados obtidos? Que tipos de campanhas e promoções utilizou e com que resultados? Qual o estilo dos anúncios produzidos? Qual a verba empregada nas campanhas anteriores? Qual campanha obteve os melhores resultados? Qual campanha obteve os piores resultados?
2. O que está sendo feito na atualidade? Que meios de comunicação estão sendo utilizados? Que tipos de campanhas e promoções estão sendo realizados no momento? Qual o estilo dos anúncios veiculados? Qual a verba disponível?
3. Quais as características do seu ramo de negócio? Quais são os produtos ou serviços oferecidos? Há quanto tempo atua nesse ramo específico? Quais são seus objetivos e suas perspectivas de mercado em curto, médio e longo prazo?

E sobre o produto ou serviço anunciado:

1. Qual é o produto ou serviço a ser anunciado? Quais são os seus pontos mais fortes na atração de consumidores? Quais são os seus pontos mais fracos na atração de consumidores?

2. Como o produto é fabricado e usado? Em que condições o serviço se encontra disponível e que características possuem os profissionais envolvidos em sua realização?
3. Quais são as características específicas do produto ou serviço? Que benefícios oferecem?
4. Como o produto ou serviço a ser anunciado evoluiu ao longo dos tempos? Ou trata-se de produto ou serviço novo?
5. Como o produto ou serviço pode ser usado? Onde está e/ou vai estar disponível para o consumo? Qual o seu custo?
6. Existe alguma restrição no uso do produto ou serviço a ser anunciado?

A respeito do público, indaga-se:

1. Quem são os consumidores habituais? Quais são suas características demográficas (idade, sexo, nível de renda, educação, conformação familiar, profissão, posto de trabalho etc.)? De onde eles são? Como são seus hábitos de consumo? Quais as opiniões desses consumidores sobre o produto ou serviço a ser anunciado? Qual o nível de fidelização desses consumidores?
2. Quem são os consumidores em potencial? Quais são suas características? Como são seus hábitos de consumo? Quais são os seus interesses e as suas prioridades? Como poderiam ser atraídos pelo produto ou serviço a ser anunciado? Como podem ser fidelizados? Que características possuem em comum com os consumidores habituais? No que se diferenciam dos consumidores habituais? É para eles que o anúncio deve ser dirigido?
3. O que os consumidores habituais e os consumidores em potencial sabem a respeito do produto ou serviço a ser anunciado?
4. Qual a atitude dos consumidores habituais e dos consumidores em potencial em relação ao produto ou ao serviço a ser anunciado? Quais dessas atitudes devem ser reforçadas? Quais devem ser modificadas? Por quê?
5. Quais são as características psicológicas e sociológicas passíveis de identificação tanto nos consumidores habituais como nos consumidores em potencial?

Pensar o produto ou serviço não é possível sem que se considerem os seus concorrentes e como se dá o seu posicionamento em relação a eles:

> Uma vez que os principais concorrentes tiverem sido identificados, é necessário avaliar o que cada competidor está fazendo. Seria importante saber o tipo de propaganda oferecida por cada concorrente – principais marcas em termos de vendas, liquidações, incentivos ao consumidor, *slogans* usados, apelos utilizados. Tente determinar a identidade de cada competidor na mente do consumidor. Determine o nicho específico de mercado para cada concorrente. Rastreie o desenvolvimento de cada concorrente para melhor avaliar seu anunciante ou cliente. (Mayeux, 1985, p. 87)

Com uma ideia clara de como o produto ou serviço se posiciona em seu contexto de mercado, pode-se começar a definir os motivadores básicos para o consumo a ser explorados no anúncio radiofônico:

> Estes motivadores relacionam-se, frequentemente, com os apelos lógicos e emocionais usados em uma propaganda em radiodifusão para persuadir consumidores comuns e em potencial a seguirem um curso de ação particular. Apelos *lógicos* – ou *racionais* – são aqueles que tocam os processos intelectuais, analíticos e reflexivos do consumidor. Apelos *emocionais* relacionam-se com aspectos ilógicos, não intelectuais, humanísticos, psíquicos e pessoais do consumidor. Apelos lógicos são eficientes quando o produto ou serviço está sendo vendido diretamente, sem enfeites. Apelos emocionais podem ser usados para prender a atenção do público, apresentando motivos e situações apelativas. (Mayeux, 1985, p. 84-85)

Tais motivadores são utilizados, não raro, de modo combinado e apresentam até mesmo certa variabilidade, pendendo do apelo lógico para o emocional e vice-versa. São exemplos apelos que envolvem afeto, autoestima, autopreservação, aventura, durabilidade, economia, liberdade, poder, prestígio, reputação, segurança, *status* etc.

Obtidas essas informações, elabora-se um plano de ação, especificando como se vai possibilitar a realização comercial do anúncio, ou seja, o encaminhamento persuasivo do ouvinte para o consumo do produto ou serviço. Ali, devem estar descritos as estratégias, o modo como se pretende atingir determinado tipo de consumidor, por quanto tempo esse processo vai se desenvolver e quais serão os prováveis resultados obtidos. Um bom plano estabelece as bases para uma sólida parceria com o cliente, além de orientar a produção do anúncio em si e, se houver, da campanha mais ampla da qual este faz parte.

Quase simultaneamente à definição do plano, vai(vão) sendo identificado(s) o(s) argumento(s) de comercialização. Para tanto, deve-se saber:

1. Qual a mensagem principal a ser inserida no anúncio? Como essa mensagem vai ser associada às necessidades do público-alvo? Que apelos lógicos ou emocionais serão utilizados?
2. Como os objetivos de posicionamento de mercado do cliente podem ser mais bem implementados?
3. Como será atraída a atenção e sustentado o interesse do ouvinte para que se torne um consumidor do produto ou serviço anunciado? Como esse ouvinte pode ser persuadido a consumir o produto ou serviço?
4. Como o argumento central será apresentado de forma criativa, eficiente e interessante? No caso de uma campanha mais prolongada, o que deve ser acentuado em cada comercial em particular? Como esses anúncios vão se complementar e como vão, também, se diferenciar uns dos outros?
5. Como será possível acentuar determinados aspectos do produto ou dos serviços em relação a datas específicas do calendário comercial?

Já se torna possível, desse modo, identificar o tipo de anúncio mais adequado e como vão se combinar conteúdo e forma na sua produção. É o momento de tomar uma série de decisões:

1. O mais indicado é um *spot* ou um *jingle*? Ou outros formatos são mais adequados ao produto ou serviço a ser anunciado?
2. Quais serão os elementos utilizados – texto, temas musicais, efeitos sonoros e vozes – e como estes vão ser combinados de modo persuasivo? Que padrões gerais de produção serão adotados?
3. Qual o estilo do comercial? Por exemplo, se o produto ou serviço anunciado volta-se para um público adolescente, talvez o anúncio a seu respeito deva

soar jovial, com trilhas agitadas e uma edição rápida, tudo *amarrado* por um texto pensado para ser interpretado com certo grau de vibração.

4. Será uma narrativa com início, meio e fim? Ou vai se optar por uma descrição do produto ou serviço?
5. Apela-se à racionalidade ou exploram-se aspectos mais abstratos, buscando despertar um sentimento a aproximar o produto ou serviço do universo de sensações comuns ao ouvinte que se pretende transformar em consumidor?
6. Opta-se por um diálogo entre dois ou mais personagens em uma situação baseada em conflito, drama, humor, medo, sensualidade, surpresa etc.? Ou por um relato quase real a partir do cotidiano? Ou por um enredo com dose significativa de fantasia? Quem sabe depoimentos de celebridades?

Neste ponto, com base nas informações obtidas, já se tem o instrumental necessário à elaboração de um roteiro[33] e, na sequência, à gravação e edição do anúncio. Obviamente, até chegar esse momento, existem outras questões que podem ser formuladas. Infinitas vão ser as opções a considerar. Dependem apenas do tipo de cliente e do senso de oportunidade de todos os envolvidos nesse processo de produção. E a transformação das respostas em anúncios vai passar pela criatividade, característica, aliás, que se exige tanto de publicitários como de radialistas.

Recomendações gerais

1. Ao produzir um anúncio radiofônico, procure se concentrar em uma ideia central que vá captar e manter a atenção do ouvinte. Considere este alerta de Robert McLeish (2001, p. 98):

Em 30 segundos, não dá para dizer tudo sobre qualquer coisa que seja. Portanto, identifique um, ou talvez dois aspectos principais do produto que o destaquem, tornando-o atraente. Escolha um desses – utilidade, eficiência, simplicidade, baixo custo, durabilidade, disponibilidade, relação custo/ benefício, exclusividade, qualidade técnica, novidade, *status*, *design* avançado,

---

33. Veja o Exemplo 58.

atrativos ou beleza. Há outras possibilidades, mas um único aspecto do produto que seja fácil de lembrar é bem mais eficiente do tentar descrevê-lo em detalhes.

No mesmo sentido, Jim Aitchison (2009, p. 49) observa que o rádio "é uma mídia capaz de vender um só pensamento – e mil sentimentos", destacando que "a memória auditiva do ser humano é mais forte do que a memória visual, a olfativa ou a tátil".

2. Não esqueça que, como em outras situações, o bom texto de rádio é, geralmente, o mais simples, construído com palavras do universo vocabular da audiência arranjadas em períodos curtos e ordem direta.
3. Na produção do anúncio radiofônico, busque certo nível de redundância a fim de deixar bem claro o argumento de venda e de fixar a marca do produto ou serviço no ouvinte. Quando possível, explique ainda como o consumidor poderá ter acesso ao que está sendo anunciado.
4. A preponderância da locução não exclui a necessidade de direção dos profissionais de voz envolvidos ou de, pelo menos, fornecer alguma orientação a eles. Um texto pode necessitar de uma entonação diferenciada, talvez não totalmente compreendida a partir das indicações do roteiro.
5. Um bom profissional, ao criar para o rádio, não hesita em recorrer, conforme a possibilidade, ao esquete – dramático ou humorístico – para associar ao produto ou ao serviço uma estória, que aproxime o anunciante do ouvinte. Quem cria um enredo, no entanto, deve ter consciência de que está também criando personagens. Daí a necessidade de descrevê-los bem para os atores que irão fazer a interpretação ao microfone. Nesse caso, além das falas em si, das especificações sobre as modulações de voz e das habituais informações técnicas, o roteiro deve incluir também breves indicações a respeito de algumas características para a personificação dos personagens.
6. Na plástica de um *jingle* ou um *spot*, sempre é preferível a simplicidade ao rebuscamento sonoro, que pode, inclusive, retirar a atenção do ouvinte do foco principal do anúncio.
7. Se você pretende utilizar uma trilha musical, lembre que o efeito básico pretendido deve ser imediato. Caso utilize uma música já existente, será necessário negociar os direitos autorais com seus detentores.

8. Como ressalta Robert McLeish (2001, p. 106), o anúncio vende um produto ou serviço real. Em tempos de consciência cidadã sobre os direitos do consumidor e de crescente participação em redes sociais, exagerar características ou mascarar debilidades em nada irá contribuir para a consecução dos objetivos do anunciante.
9. O anúncio radiofônico, como as demais produções desse tipo, está sujeito às determinações do Conselho Nacional de Autorregulamentação Publicitária, corporificadas nas resoluções desse órgão e, em especial, no Código Brasileiro de Autorregulamentação Publicitária.

Referências bibliográficas

AITCHISON, Jim. *A propaganda de rádio do século XXI*. São Paulo: Bossa Nova, 2009.

ALVES, Rosental Calmon. "Radiojornalismo e a linguagem coloquial". *Cadernos de jornalismo e comunicação*, n. 45. Rio de Janeiro: Jornal do Brasil, 1974, p. 27-31.

AMARAL, Luiz. *Técnica de jornal e periódico*. 3. ed. Rio de Janeiro: Tempo Brasileiro, 1982.

_____. *Jornalismo: matéria de primeira página*. 4. ed. Rio de Janeiro: Tempo Brasileiro, 1986.

_____. *Jornalismo, matéria de primeira página*. 6. ed. Rio de Janeiro: Tempo Brasileiro, 2008.

BAHIA, Juarez. *Jornal, história e técnica*. 4. ed. São Paulo: Ática, 1990.

BALSEBRE, Armand. *El lenguaje radiofónico*. Madri: Cátedra, 1994.

BARBEIRO, Heródoto; LIMA, Paulo Rodolfo de. *Manual de radiojornalismo: produção, ética e internet*. Rio de Janeiro: Campus, 2003.

BEHLAU, Mara; PONTES, Paulo. *Higiene vocal: informações básicas*. São Paulo: Lovise, 1993.

BELTRÃO, Luiz. *Jornalismo opinativo*. Porto Alegre: Sulina/ARI, 1980.

BITTENCOURT, Ana. "Falar bem já não é segredo". *Comunicação*, ano 22, n. 41. Rio de Janeiro: Bloch, out. 1989, p. 20-21.

BOMFIM, Octávio. "A apuração da notícia". *Cadernos de comunicação e jornalismo*, ano 2, n. 20. Rio de Janeiro: Edições Jornal do Brasil, mar. 1969, p. 43-48.

BOND, Fraser. *Introdução ao jornalismo*. 2. ed. Rio de Janeiro: Agir, 1962.

BRASIL. Lei n. 4.117, de 27 de agosto de 1962. Institui o Código Brasileiro de Telecomunicações.

BRITTOS, Valério Cruz. "A televisão no Brasil, hoje: a multiplicidade da oferta". *Comunicação & sociedade*, ano 20, n. 31. São Bernardo do Campo: Universidade Metodista de São Paulo, 1999, p. 9-34.

_____. "O rádio brasileiro na fase da multiplicidade da oferta". *Verso & reverso,* ano 16, n. 35. São Leopoldo: Universidade do Vale do Rio dos Sinos, jul./dez. 2002, p. 31-54.

CARDET, Ricardo. *Manual de jornalismo*. 2. ed. Lisboa: Caminho, 1979.

CARROL, Lewis. *Aventuras de Alice*. Rio de Janeiro: Fontana/Summus, 1977.

CEBRIÁN HERREROS, Mariano. *La radio en la convergencia multimedia*. Barcelona: Gedisa, 2001.

CONSELHO NACIONAL DE AUTORREGULAMENTAÇÃO PUBLICITÁRIA. *Código Brasileiro de Autorregulamentação Publicitária – Código e anexos*. São Paulo, 19 jul. 2013.

DICIONÁRIO eletrônico Houaiss da língua portuguesa. Rio de Janeiro: Objetiva, 2007. CD-ROM.

DIZARD JÚNIOR, Wilson. *A nova mídia: a comunicação de massa na era da informação*. 2. ed. Rio de Janeiro: Zahar, 2000.

ENCICLOPÉDIA Intercom de Comunicação, v. 1 (Dicionário brasileiro do conhecimento comunicacional). São Paulo: Sociedade Brasileira de Estudos Interdisciplinares da Comunicação, 2010. CD-ROM.

ERBOLATO, Mário. *Jornalismo especializado*. São Paulo: Atlas, 1981.

_____. *Técnica de codificação em jornalismo*. 5. ed. São Paulo: Ática, 1991.

FERRARETTO, Luiz Artur. "Alterações no modelo comunicacional radiofônico: perspectivas de conteúdo em um cenário de convergência tecnológica e multiplicidade da oferta". In: FERRARETTO, Luiz Artur; KLÖCKNER, Luciano (orgs.). *E o rádio? Novos horizontes midiáticos*. Porto Alegre: Editora da PUC-RS, 2010, p. 539-56. Disponível em: <http://www.pucrs.br/edipucrs/eoradio.pdf>. Acesso em: 7 jul. 2014.

_____. "Desafios da radiodifusão sonora na convergência multimídia: o segmento musical jovem". *Conexão*, v. 7, n. 13. Caxias do Sul: Editora da UCS, 2008, p. 147-56.

_____. "Possibilidades de convergência tecnológica: pistas para a compreensão do rádio e das formas do seu uso no século 21". In: CONGRESSO BRASILEIRO DE CIÊNCIAS DA COMUNICAÇÃO, 30., 29 ago.-2 set. 2007, Santos. *Anais*... Santos: Sociedade Brasileira de Estudos Interdisciplinares da Comunicação, 2007. CD-ROM.

_____. *Rádio e capitalismo no Rio Grande do Sul: as emissoras comerciais e suas estratégias de programação na segunda metade do século 20*. Canoas: Editora da Ulbra, 2007a.

_____. *Rádio – O veículo, a história e a técnica*. 3. ed. Porto Alegre: Doravante, 2007b.

FERRARETTO, Luiz Artur; KISCHINHEVSKY, Marcelo. "Rádio e convergência: uma abordagem pela economia política da comunicação". In: ENCONTRO ANUAL DA COMPÓS, 19., 2010, Rio de Janeiro. *Anais*... Rio de Janeiro: Associação Nacional dos Programas de Pós-graduação em Comunicação, 2010. CD-ROM.

FERRARETTO, Luiz Artur; KOPPLIN, Elisa. *Técnica de redação radiofônica*. Porto Alegre: Sagra-DC Luzzatto, 1992.

FERREIRA, Aurélio Buarque de Holanda. *Novo dicionário da Língua Portuguesa*. Rio de Janeiro: Nova Fronteira, 1983.

FIGUEREDO ESCOBAR, Ernesto; LÓPEZ HERNÁNDEZ, Mayda. *Técnica del habla*. Holguín: Combinado de Periódicos José Miró Argenter, 1989.

FORNATALE, Peter; MILLS, Joshua E. *Radio in the television age*. Nova York: The Overlook Press, 1980.

GAILLARD, Philippe. *O jornalismo*. Lisboa: Europa-América, 1974.

GARGUREVICH, Juan. *Géneros periodísticos*. Havana: Pablo de la Torriente, 1989.

GOMES, Flávio Alcaraz. *Testemunha ocular*. Porto Alegre: Síntese, 1997. CD.

GRUPO RBS. *Rádio – Tabela de preços*. Porto Alegre, abr. 2013.

GUERRA, Márcio. *Você, ouvinte, é a nossa meta: a importância do rádio no imaginário do torcedor de futebol*. Juiz de Fora: Etc., 2002.

HAYE, Ricardo. *El arte radiofónico: algunas pistas sobre la constitución de su expresividad*. Buenos Aires: La Crujía, 2004.

HENDY, David. *Radio in the global age*. Cambridge: Polity Press, 2000.

HERNÁNDEZ TORIBIO, María Isabel. *El poder de la palabra en la publicidad de radio*. Barcelona: Octaedro, 2006.

HILLS, George. *Los informativos en radio televisión*. Havana: Pablo de la Torriente, 1990.

HORNBY, A. S. *Oxford advanced learner's dictionary of current English*. 3. ed. Oxford: Oxford University Press, 1984.

I SEMINÁRIO INTERNACIONAL DE RADIOJORNALISMO. *Imprensa*, n. 15. São Paulo: Feeling, out. 1996.

KEITH, Michael C. *The radio station: broadcast, satellite and internet*. 8. ed. Burlington: Focal Press, 2010.

KELLARIS, James J. "Dissecting earworms: further evidence on the 'song-stuck-in-your--head' phenomenon". *Proceedings of the Society for Consumer Psychology Winter 2003 Conference*. Nova Orleans: American Psychological Society, 2003, p. 220-22.

KISCHINHEVSKY, Marcelo. "Cultura da portabilidade e novas sociabilidades em mídia sonora – Reflexões sobre os usos contemporâneos do rádio". In: CONGRESSO BRASILEIRO DE CIÊNCIAS DA COMUNICAÇÃO, 31., 2008, Natal. *Anais...* Natal: Sociedade Brasileira de Estudos Interdisciplinares da Comunicação, 2008. CD-ROM.

_____. "Rádio social – Uma proposta de categorização das modalidades radiofônicas". In: CONGRESSO BRASILEIRO DE CIÊNCIAS DA COMUNICAÇÃO, 34., 2011, Recife. *Anais...* Recife: Sociedade Brasileira de Estudos Interdisciplinares da Comunicação, 2011. CD-ROM.

KLÖCKNER, Luciano. *A notícia na Rádio Gaúcha: orientações básicas sobre texto, reportagem e produção.* Porto Alegre: Sulina, 1997.

_____. *Nova retórica e rádio informativo: estudo das programações das emissoras TSF--Portugal e CBN-Brasil.* Porto Alegre: Evangraf, 2011.

LAGE, Nilson. *Estrutura da notícia.* 2. ed. São Paulo: Ática, 1987.

LODI, João Bosco. *Entrevista, teoria e prática.* São Paulo: Pioneira, 1971.

LOPES, Victor Silva. *Iniciação ao jornalismo audiovisual: imagem impressa, rádio, televisão e cinema.* Lisboa: Centro do Livro Brasileiro, 1982.

MAGNONI, Antônio Francisco. "Projeções sobre o rádio digital brasileiro". In: MAGNONI, Antônio Francisco; CARVALHO, Juliano Francisco de (orgs.). *O novo rádio: cenários da radiodifusão na era digital.* São Paulo: Senac, 2010.

MAGNONI, Antônio Francisco; CARVALHO, Juliano Francisco de (orgs.). *O novo rádio: cenários da radiodifusão na era digital.* São Paulo: Senac, 2010.

MARANHÃO, Carlos. *Manual de estilo Editora Abril: como escrever bem para nossas revistas.* 5. ed. Rio de Janeiro: Nova Fronteira, 1990.

MARANHÃO FILHO, Luiz. *Sonoplastia.* Recife: Jangada, 2008.

MARTÍNEZ-COSTA, María del Pilar (coord.). *Información radiofónica.* Barcelona: Ariel, 2002.

MARTÍNEZ-COSTA, María del Pilar; DÍEZ UNZUETA, José Ramón. *Lenguaje, géneros y programas de radio: introducción a la narrativa radiofónica.* Pamplona: Ediciones Universidad de Navarra, 2005.

MARTÍNEZ-COSTA, María del Pilar; MORENO MORENO, Elsa (coords.). *Programación radiofónica: arte y técnica del diálogo entre la radio y su audiencia.* Barcelona: Ariel, 2004.

MAYEUX, Peter E. *Writing for the broadcasting media.* Boston: Allyn and Bacon, 1985.

MCCANN-ERICKSON PUBLICIDADE. *Repórter Esso – Rádio – Manual de produção.* Rio de Janeiro, ago. 1963.

_____. *Técnica e prática da propaganda: princípios gerais da propaganda segundo a experiência de uma agência no Brasil.* 3. ed. Rio de Janeiro: Fundo de Cultura, 1962.

MCLEISH, Robert. *Produção de rádio: um guia abrangente de produção radiofônica.* São Paulo: Summus, 2001.

MEDINA, Cremilda. *Entrevista: o diálogo possível.* São Paulo: Ática, 1986.

MEDITSCH, Eduardo. "Fatiando o público: o rádio na vanguarda da segmentação da audiência". *Verso & reverso*, ano 16, n. 35. São Leopoldo: Universidade do Vale do Rio dos Sinos, jul.-dez. 2002, p. 55-60.

_____. *O rádio na era da informação: teoria e técnica do novo radiojornalismo*. Florianópolis: Insular/Editora da UFSC, 2001.

MELO, José Marques de; ASSIS, Francisco de (orgs.). *Gêneros jornalísticos no Brasil*. São Bernardo do Campo: Universidade Metodista de São Paulo, 2010.

MORAIS, Escot Christian. "Voz, para que te quero?". *Revista de Comunicação*, n. 46. Rio de Janeiro: Agora, nov. 1996, p. 10-13.

MORGADO, Fernando. *Rádio: o segredo está na marca*. Rio de Janeiro, 8 set. 2010. Disponível em: <http://fernandomorgado.com.br/radio-o-segredo-esta-na-marca/>. Acesso em: 22 ago. 2013.

_____. Um dos responsáveis pelo projeto de *branding* realizado, em 2009, pela Tecnopop para a Rádio Globo. Entrevista concedida por correio eletrônico, em 21 de maio de 2011, a Ayrton Mandarino, gerente da emissora no momento da reformulação, para a monografia *Rádio Globo: o resgate do novo*.

MUÑOZ, José Javier; GIL, César. *La radio, teoría y práctica*. Havana: Pablo de la Torriente, 1990.

NASCENTES, Antenor. *Dicionário de sinônimos*. 3. ed. Rio de Janeiro: Nova Fronteira, 1981.

NEME, Pedro et al. *Introdução à técnica radiofônica*. Rio de Janeiro: Páginas, 1956.

NEWSON, Phil. *United Press radio news style book*. Nova York: United Press Associations, 1942.

OCHOA, Waldir. *David Welna: el sonido hecho reportaje*. Cartagena de las Índias: Fundación Nuevo Periodismo Iberoamericano, 2002. Disponível em: <http://www.fnpi.org/nc/recursos/relatorias/david-welna-el-sonido-hecho-reportaje/>. Acesso em: 11 set. 2009. Relato a respeito da oficina ministrada por David Welna, da National Public Radio (Estados Unidos), de 26 a 30 de agosto de 2002.

ORTRIWANO, Gisela Swetlana. *A informação no rádio: os grupos de poder e a determinação dos conteúdos*. 3. ed. São Paulo: Summus, 1985.

OXFORD English Dictionary. Oxford: Oxford University Press, 2009. CD-ROM.

PESSÔA, Alfredo de Belmont. "Coluna Ponto de Vista". *Revista de Comunicação*, n. 48. Rio de Janeiro: Agora, maio 1997, p. 26.

Porchat, Maria Elisa. *Manual de radiojornalismo Jovem Pan*. 2. ed. São Paulo: Ática, 1989.

Prado, Emilio. *Estrutura da informação radiofônica*. São Paulo: Summus, 1989.

Prado, Magaly. *Produção de rádio: um manual prático*. Rio de Janeiro: Elsevier, 2006.

Rabaça, Carlos Alberto; Barbosa, Gustavo Guimarães. *Dicionário de Comunicação*. 8. ed. Rio de Janeiro: Elsevier, 2001.

Rádio Bandeirantes AM. *Primeira Hora*. São Paulo, 25 jan. 1989. Programa de rádio.

Rádio Eldorado AM. *Jornal da Eldorado*. São Paulo, 25 jan. 1989. Programa de rádio.

Raphaelli, Michelle. *Dicas de bom uso do Twitter – Rádio Gaúcha* [mensagem pessoal]. Mensagem recebida por <luiz.ferraretto@uol.com.br> em 21 out. 2012. Cópia de material enviado aos repórteres da Rádio Gaúcha em maio de 2012.

Reis, Clóvis. *Propaganda no rádio: os formatos do anúncio*. Blumenau: Editora da Universidade Regional de Blumenau, 2008.

Richers, Raimar. "Objetivos e méritos da segmentação no Brasil". *Mercado global*, ano 16, n. 79. Rio de Janeiro: Central Globo de Marketing, jun./jul. 1989, p. 14-15.

_____. "Segmentação de mercado: uma visão de conjunto". In: Richers, Raimar; Lima, Cecília Pimenta (orgs.). *Segmentação: opções estratégicas para o mercado brasileiro*. São Paulo: Nobel, 1991, p. 13-24.

Romo Gil, María Cristina. *Introducción al conocimiento y práctica de la radio*. México: Diana, 1994.

Sampaio, Walter. *Jornalismo audiovisual: teoria e prática do jornalismo no rádio, TV e cinema*. Petrópolis: Vozes, 1971.

Santos, Reinaldo. *Vade-mécum da comunicação*. 12. ed. Rio de Janeiro: Destaque, 1998.

Schacht, Rakelly Calliari; Bespalhok, Flávia Lúcia Bazan. *Um gênero entre o jornalismo e a arte: o* feature *radiofônico*. In: Sociedade Brasileira de Estudos Interdisciplinares da Comunicação. 28º Congresso Brasileiro de Comunicação. Porto Alegre, set. 2004.

Schott, Ricardo. "Revolução nas ondas do rádio". *Bizz*, ano 18, n. 204. São Paulo: Abril, ago. 2006, p. 48-51.

Silva, Júlia Lúcia de Oliveira Albano da. *Rádio: oralidade mediatizada, o* spot *e os elementos da linguagem radiofônica*. São Paulo: Annablume, 1999.

Sistema Globo de Rádio. *Mídiakit – Rádio Globo*. Rio de Janeiro, 2013. Disponível em: <http://www.sgr.com.br/web/midiakit/con-midia-kit-formato.aspx?Tipo=T&RdId=2&MkId=32>. Acesso em: 20 ago. 2013.

SMYTHE, Dallas. "Las comunicaciones: *agujero negro* del marxismo occidental". In: RICHERI, Giuseppe (org.). *La televisión: entre servicio público y negocio*. México: Gustavo Gili, 1983, p. 71-103.

SOARES, Edileuza. *A bola no ar, o rádio esportivo em São Paulo*. São Paulo: Summus, 1994.

SOARES, Regina Maria Freire; PICCOLOTTO, Léslie. *Técnicas de impostação e comunicação oral*. 3. ed. São Paulo: Loyola, 1991.

SOARES, Rodolfo Dantas. *A publicidade radiofônica em busca de uma nova configuração*. Dissertação (Programa de Pós-Graduação em Comunicação Social) – Universidade Metodista de São Paulo, São Bernardo do Campo, 2006.

SODRÉ, Muniz; FERRARI, Maria Helena. *Técnicas de redação: o texto nos meios de informação*. 3. ed. Rio de Janeiro: Francisco Alves, 1982.

_____. *Técnica de reportagem: notas sobre a narrativa jornalística*. São Paulo: Summus, 1986.

SOUSA, Jorge Pedro. *Teorias da notícia e do jornalismo*. Chapecó: Argos; Florianópolis: Letras Contemporâneas, 2002.

SOUZA, Rafael Adolfo de. *Jornalismo em frequência modulada: um estudo comparativo das práticas noticiosas nas rádios Ipanema e Pop Rock*. Monografia (Curso de Comunicação Social – Habilitação em Jornalismo) – Universidade Luterana do Brasil, Canoas, 2001.

STERLING, Christopher H. (org.). *The Museum of Broadcast Communications encyclopedia of radio*. Nova York: Taylor and Francis Group, 2004.

STRAUBHAAR, Joseph; LAROSE, Robert. *Comunicação, mídia e tecnologia*. São Paulo: Thomson, 2004.

TECNOPOP. *Rádio Globo: o projeto de* branding *(parte 1)*. Rio de Janeiro, 29 abr. 2009a. Disponível em: <http://blog.tecnopop.com.br/artigo-blog/radio-globo-o-projeto-de--branding-parte-1/>. Acesso em: 10 out. 2010.

_____. *Rádio Globo: o projeto de* branding *(parte 2)*. Rio de Janeiro, 5 maio 2009b. Disponível em: <http://blog.tecnopop.com.br/artigo-blog/radio-globo-o-projeto--de-branding-parte-2/>. Acesso em: 10 out. 2010.

_____. *Rádio Globo: o projeto de* branding *(parte 3)*. Rio de Janeiro, 12 maio 2009c. Disponível em: <http://blog.tecnopop.com.br/artigo-blog/radio-globo-o-projeto-de--branding-parte-3/>. Acesso em: 10 out. 2010.

TRAQUINA, Nelson. *O estudo do jornalismo no século XX*. São Leopoldo: Editora da Unisinos, 2001.

_____. *Teorias do jornalismo: porque as notícias são como são*. v. 1. Florianópolis: Insular, 2004.

THOMPSON, John B. *A mídia e a modernidade: uma teoria social da mídia*. 5. ed. Petrópolis: Vozes, 2002.

VALDÉS, Jorge. *La noticia*. 2. ed. Quito: Quipus, 1988.

WARREN, David. *Radio: the book. For creative professional programming*. 4. ed. Burlington: Focal Press, 2005.

XAVIER, Roberto Eduardo. *Histórias de Sherlock Holmes*. Porto Alegre: Rádio Guaíba, [s.d.]. Roteiro de programa de rádio.

Agradecimentos

A crença no ser humano impõe reconhecer características essenciais para que alguém se qualifique como tal: admitir a própria ignorância, saber pedir "por favor", dizer "muito obrigado", arrepender-se com um "peço desculpas"... Agradeço aqui, portanto, a todos aqueles que, cruzando o caminho deste livro, iluminaram as trevas do meu desconhecimento com seu auxílio fraterno e providencial. Com beijos, começo por minha companheira de afetos, Elisa Kopplin Ferraretto, revisora incansável e palpiteira frequente, e estendo um abraço aos meus colegas do Grupo de Pesquisa Rádio e Mídia Sonora da Sociedade Brasileira de Estudos Interdisciplinares da Comunicação (Intercom). Entre estes, destaco os de contribuição direta – Álvaro Bufarah Júnior, João Baptista de Abreu Júnior, Luciano Klöckner, Marcelo Kischinhevsky e Wanderlei de Brito. Pelos esclarecimentos a respeito de seus escritos, abordando assuntos correlatos ao rádio, agradeço também o trabalho de pesquisadores como James Kellaris, da Universidade de Cincinnati, e Jean-Charles Jacques Zozzoli, da Universidade Federal de Alagoas. Vale o mesmo para os profissionais de veículos Eva Kaufman, Fernando Morgado, Milton Jung (filho) e Rodrigo Koch. Coerente, aproveito para pedir desculpas aos atingidos pelo inevitável risco do meu esquecimento. Creditem isso à forma quase assistemática de produção deste *Rádio – Teoria e prática*, que foi sendo planejado, pesquisado e redigido enquanto o tempo ia passando, levando junto parte da vida da gente.